AF795435

Susanne Walström

BLACK LAVA FAIRY TALE

KERBER PHOTO ART

Overwhelming! Empty, deserted and wild, and yet with such an abundance of everything, so many impressions. Where am I, and when? Thousands of years back in time, or am I in a movie set in a dystopic future? Horses, in sync with nature. They come in about forty different colors in innumerable diverging variations, and along with the landscape there is a multitude of nuances that I haven't seen anywhere else.

According to Norse mythology, horses helped the gods create nature. In return, the very strong carriers were endowed with supernatural powers. The most prominent among them was Sleipnir, Óðinn's eight-legged horse that could gallop faster than the wind. Sleipnir could also move through fire, which was an essential requirement for reaching the land of the dead. The horses' capacity to move freely between the elements separating the mythological worlds – earth, fire, air and water – made them indispensable for boundary-crossing. On their strong backs, the gods could travel between these worlds.

In recent years, I have returned to Iceland many times to experience the sense of being one with nature and document the extraordinary indigenous population, the Icelandic horses. Moving across the wilderness on horseback in the midst of a herd is the moment when time ceases and the saga commences; a saga in which all humans have dismounted and the horses are on their own. Arctic winds, lava burning under hoofs and new unknown dangers – are the gods still their guardians?

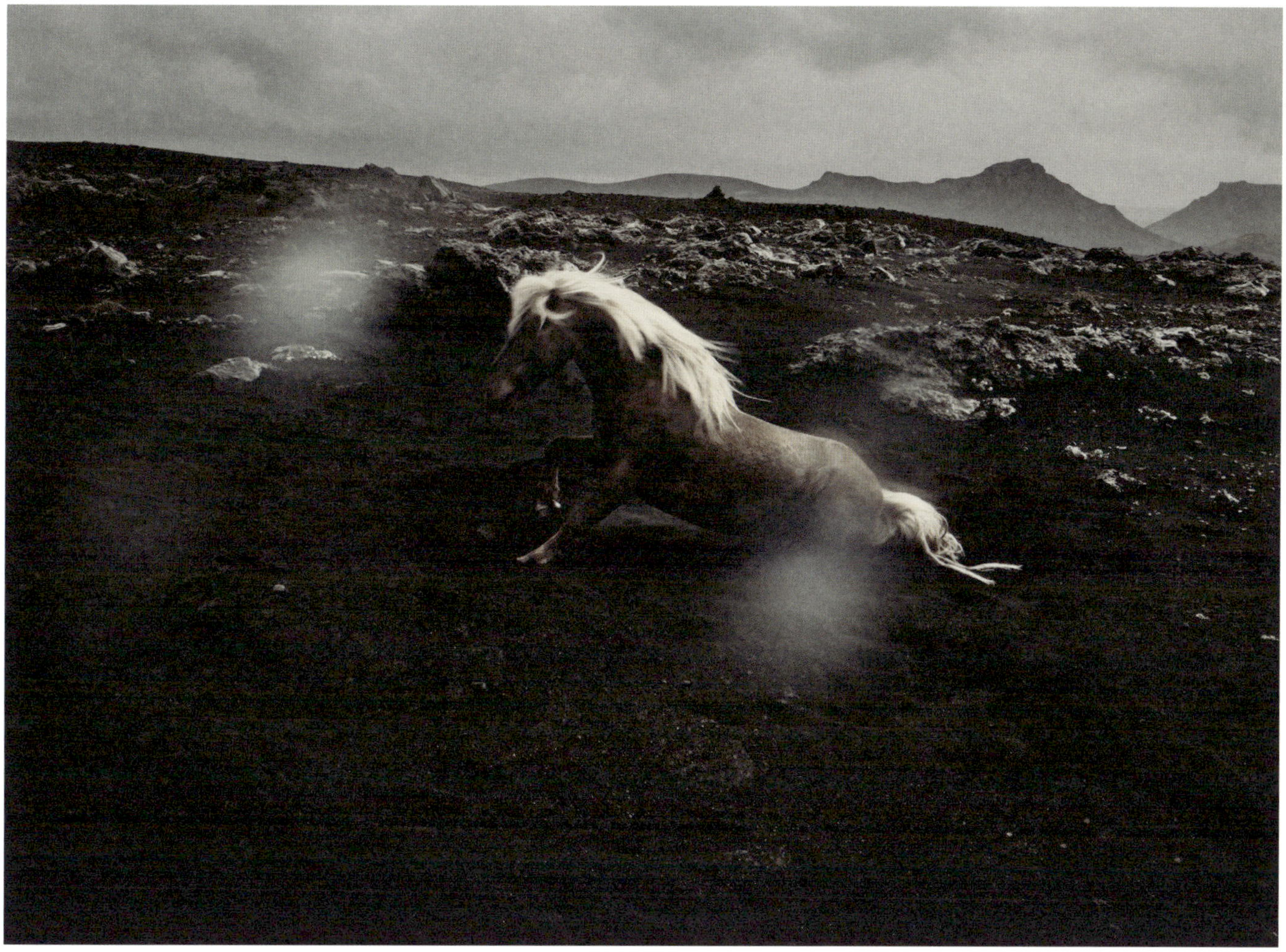

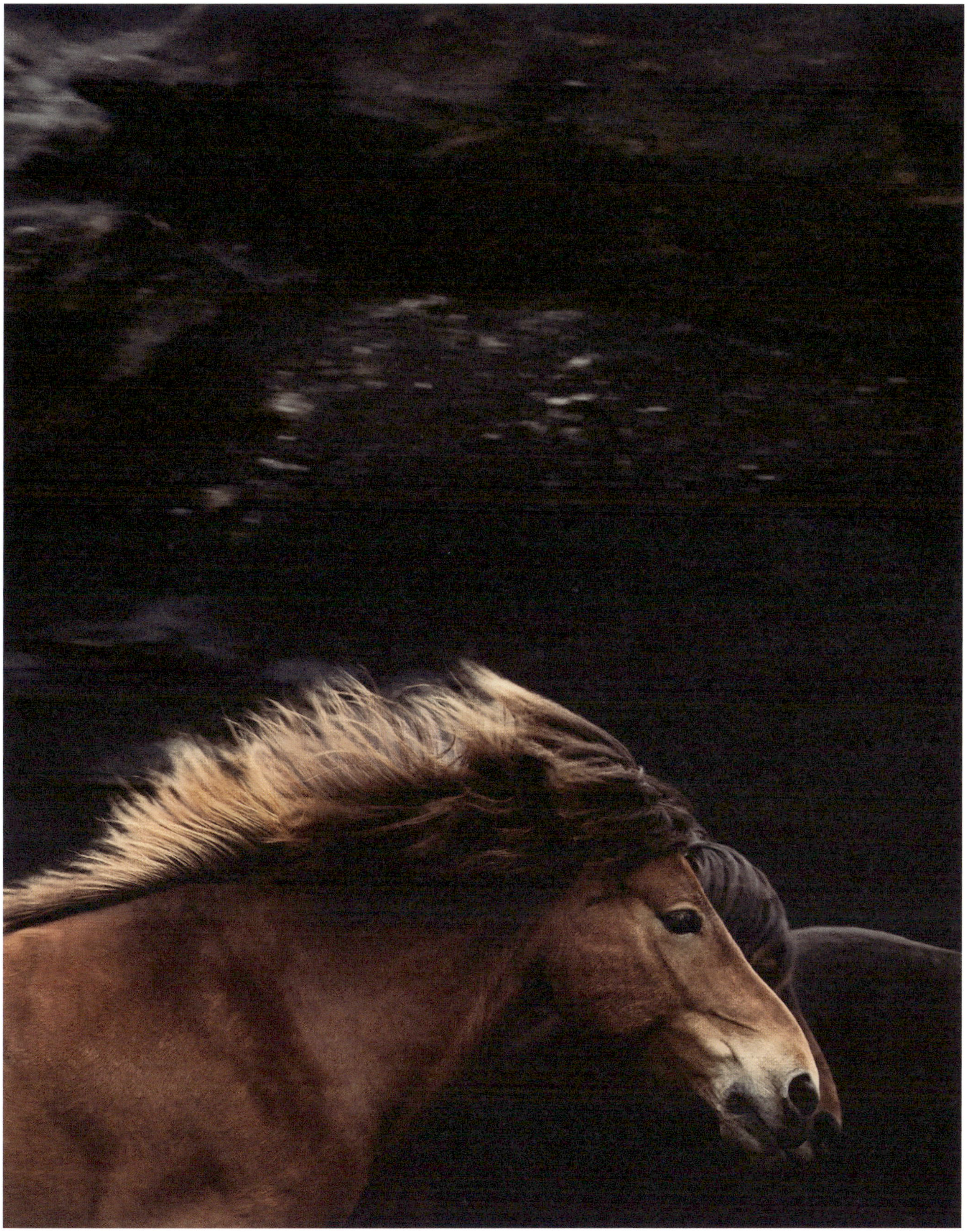

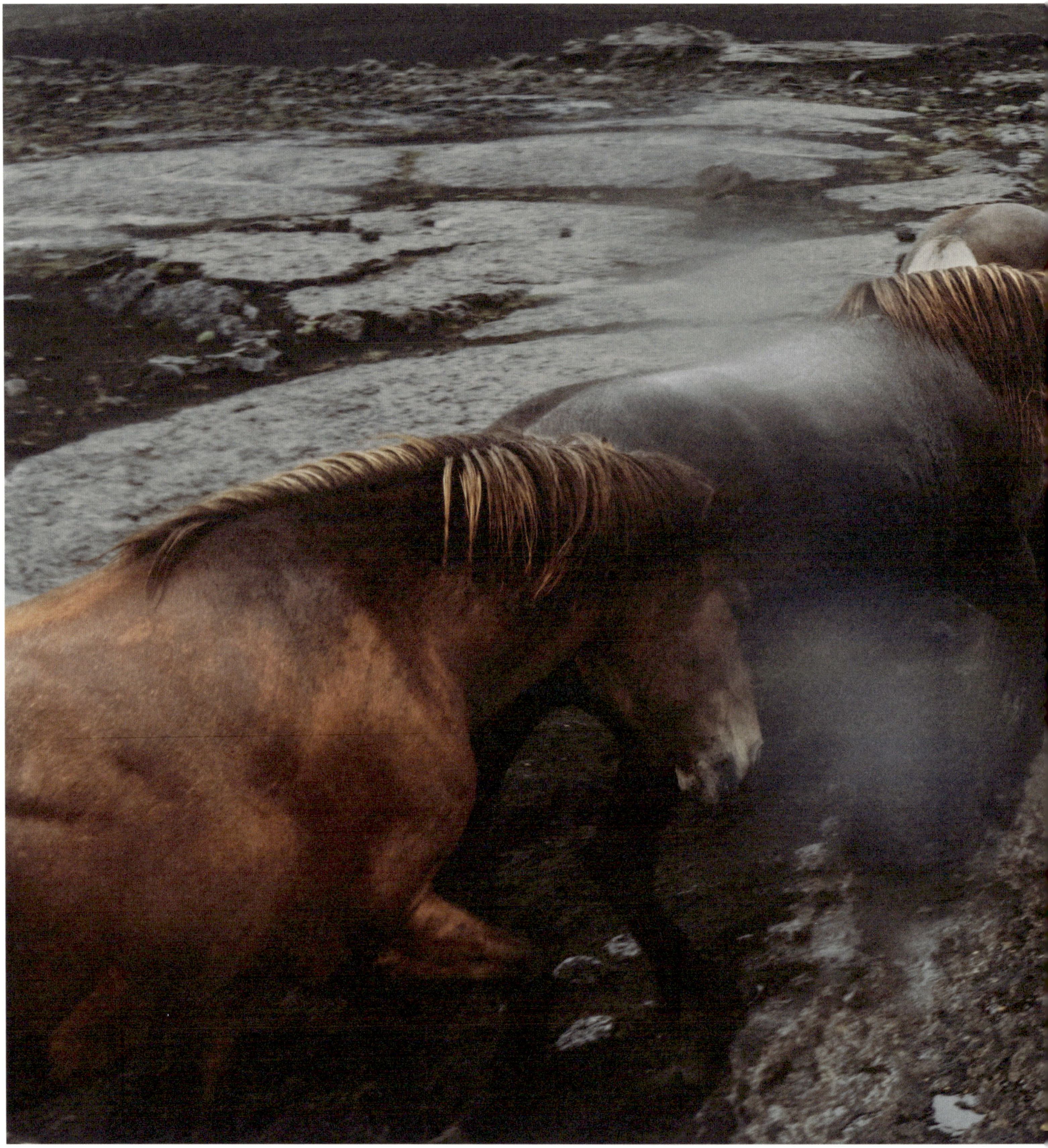

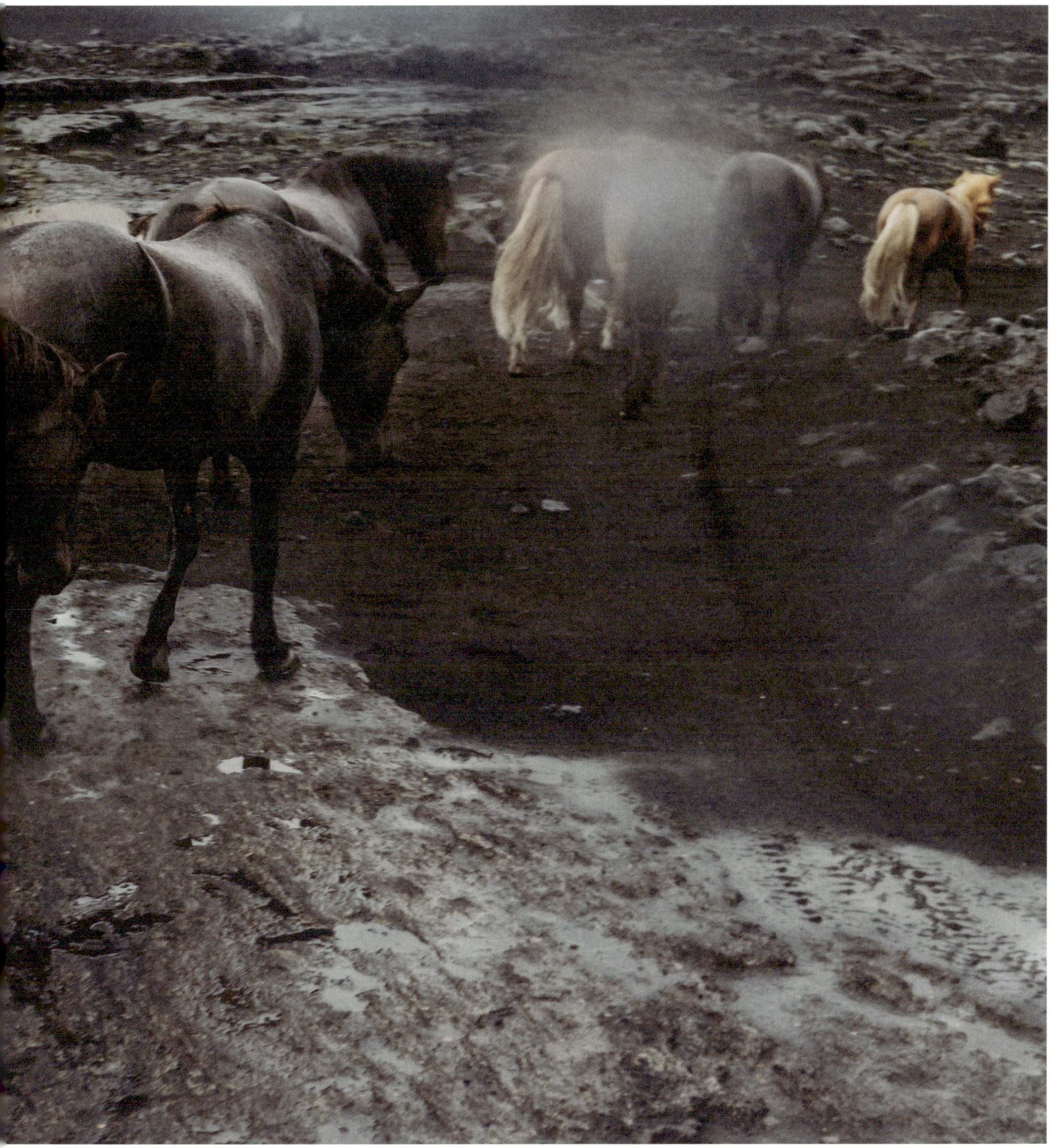

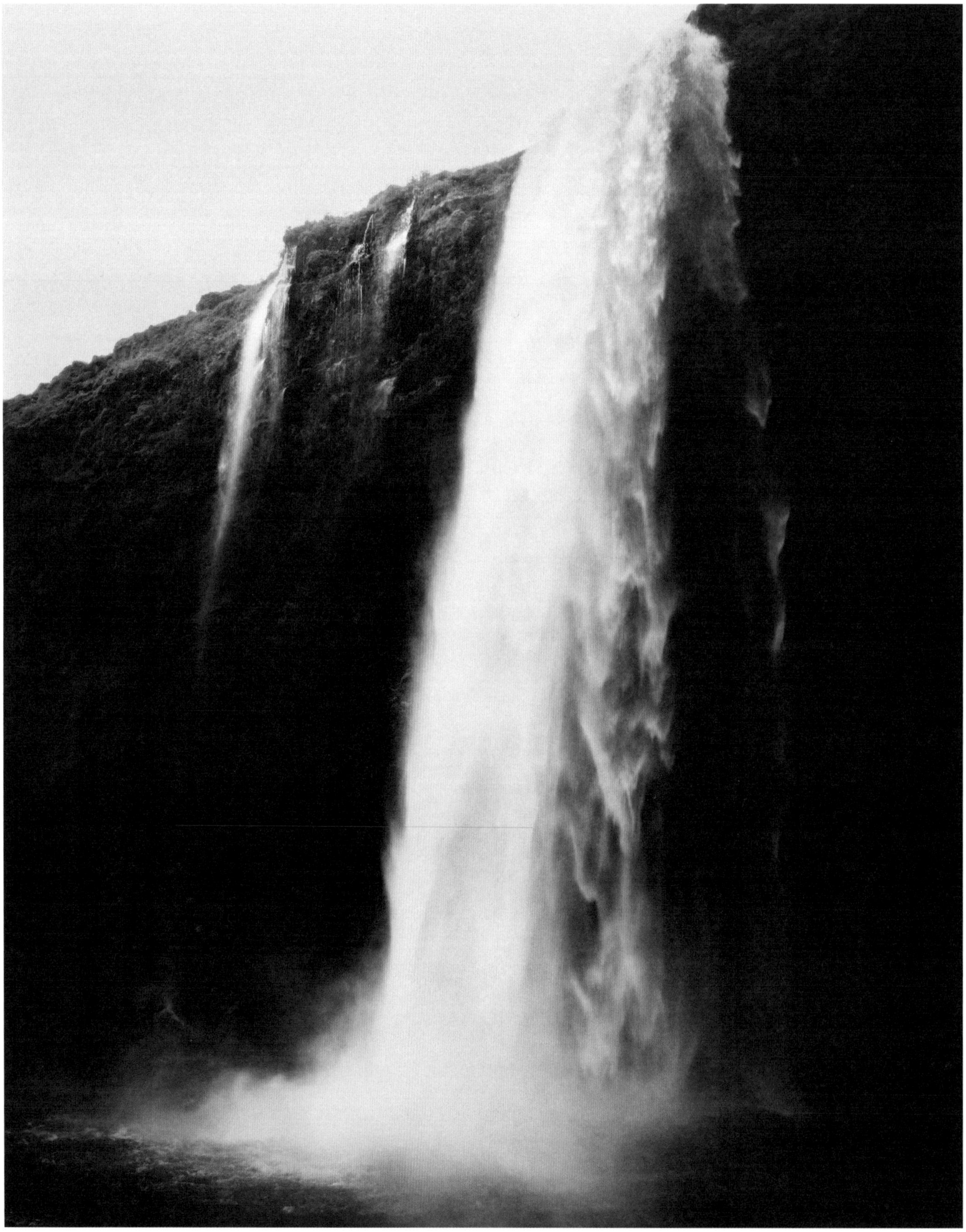

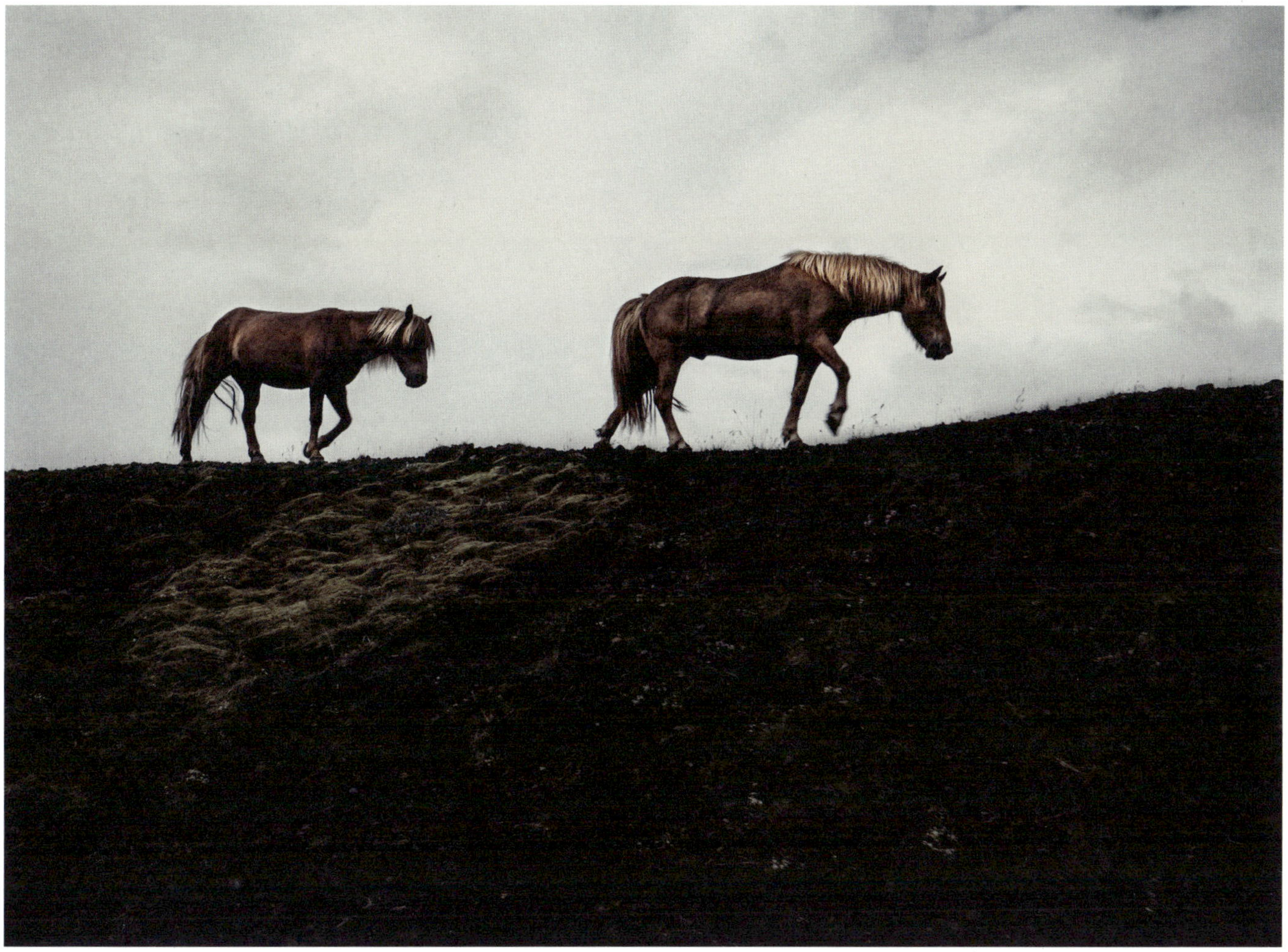

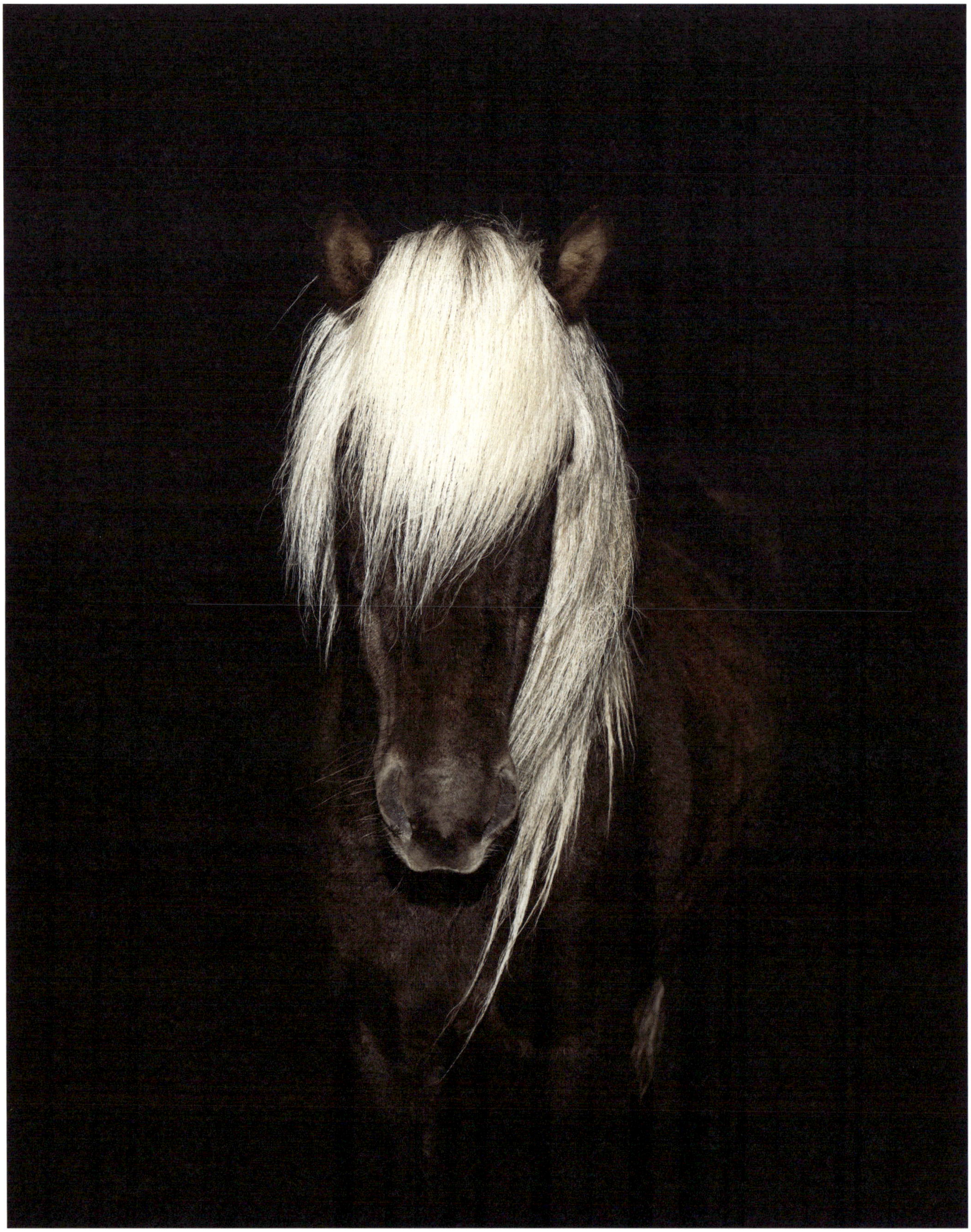

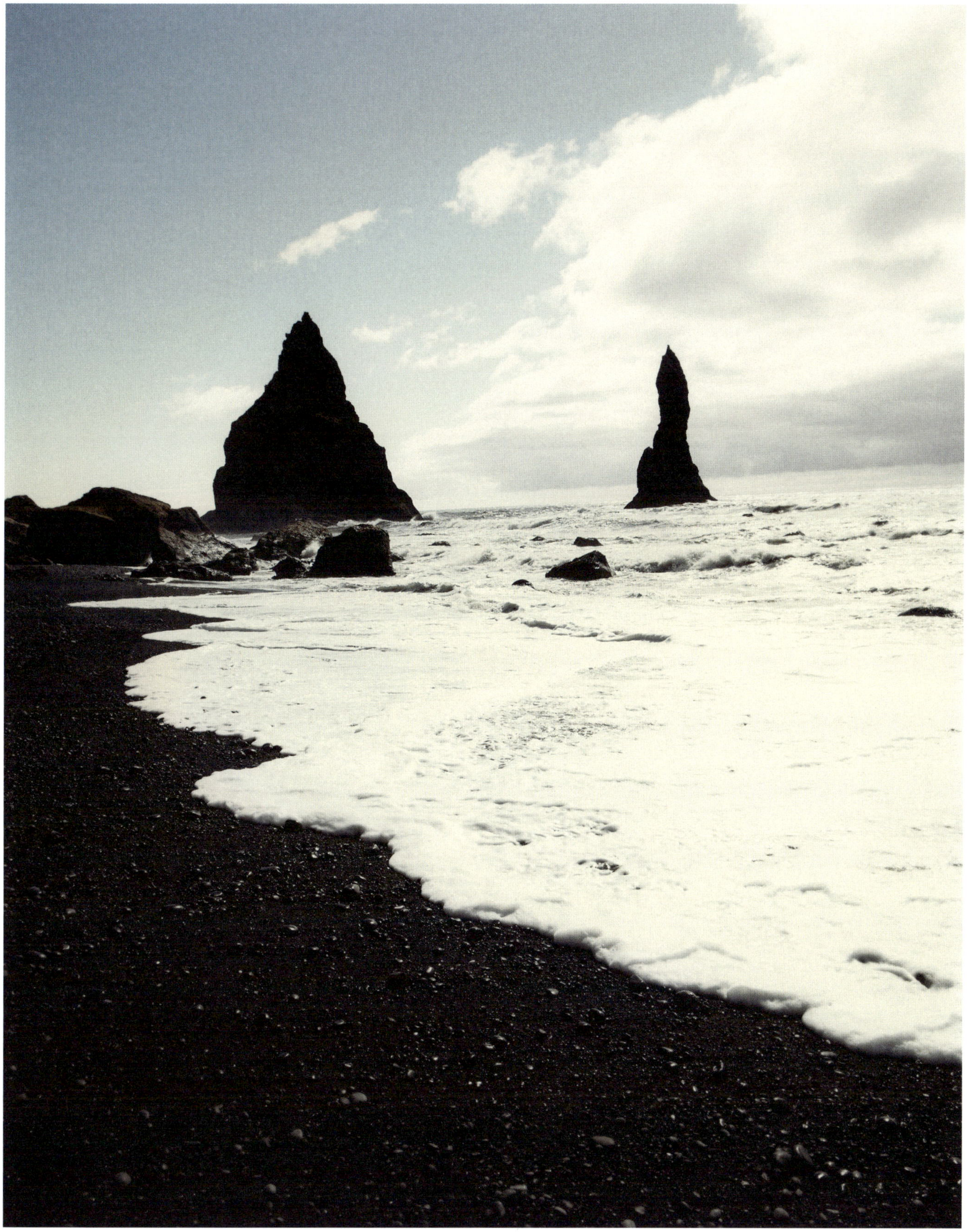

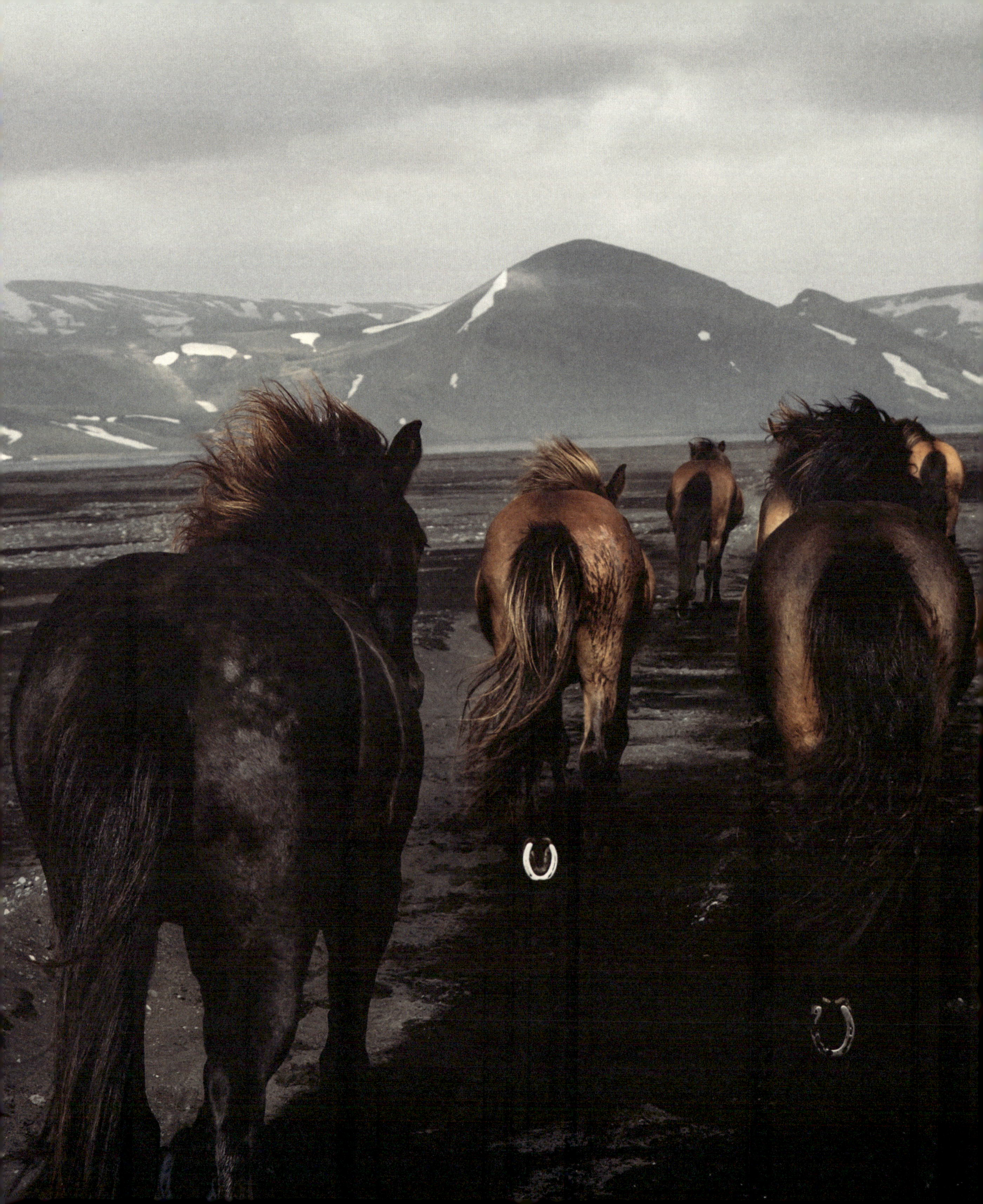

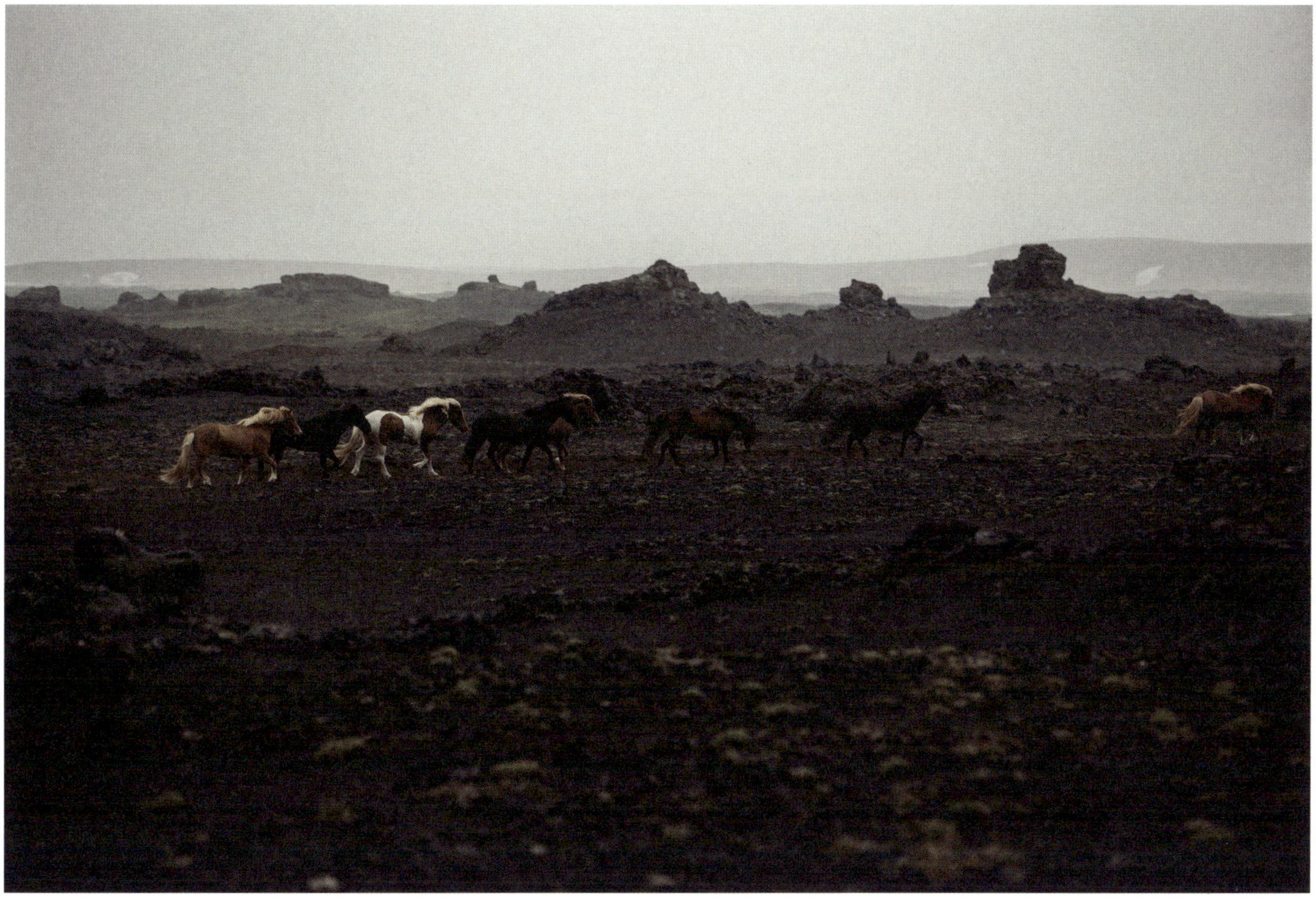

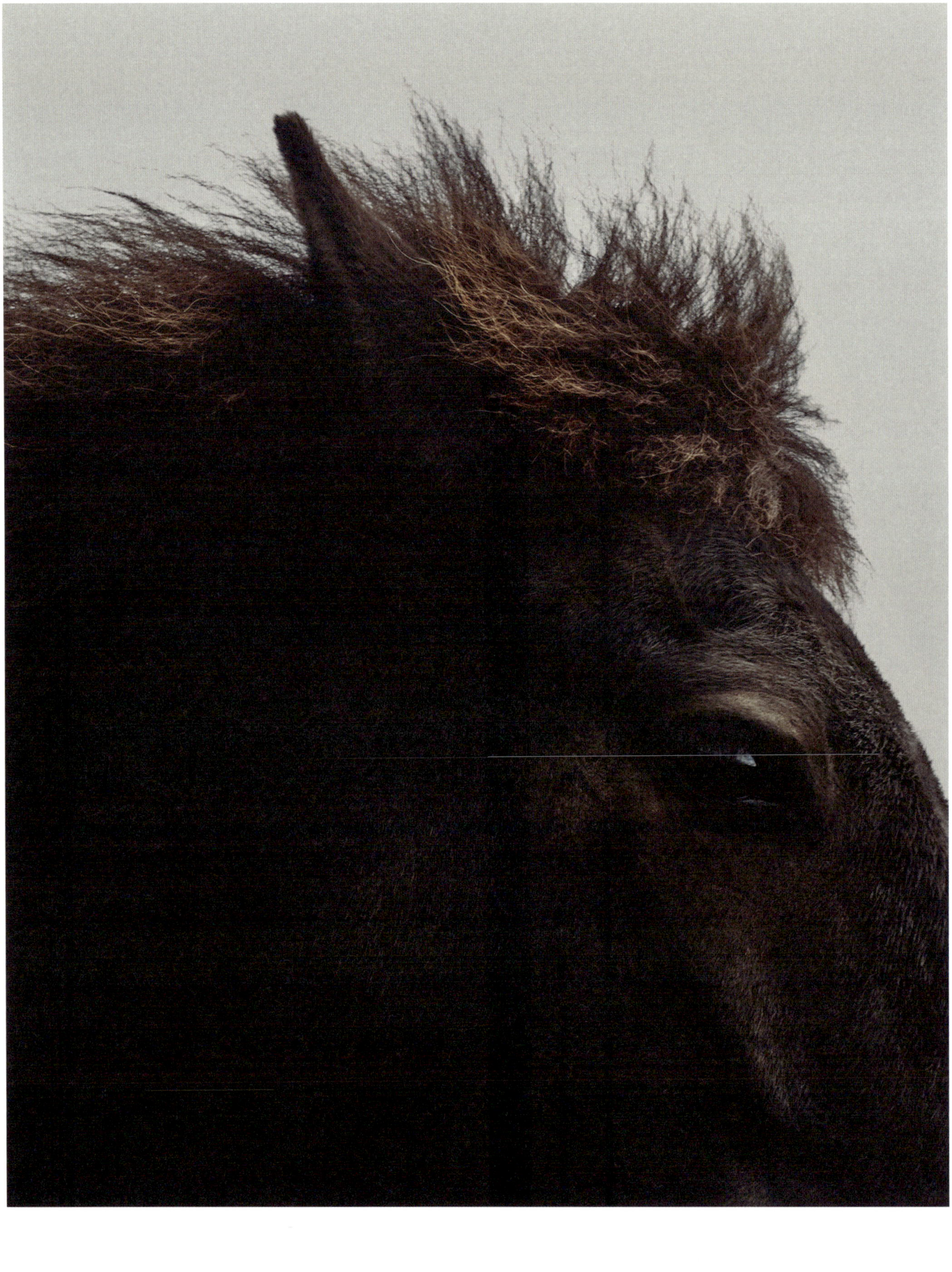

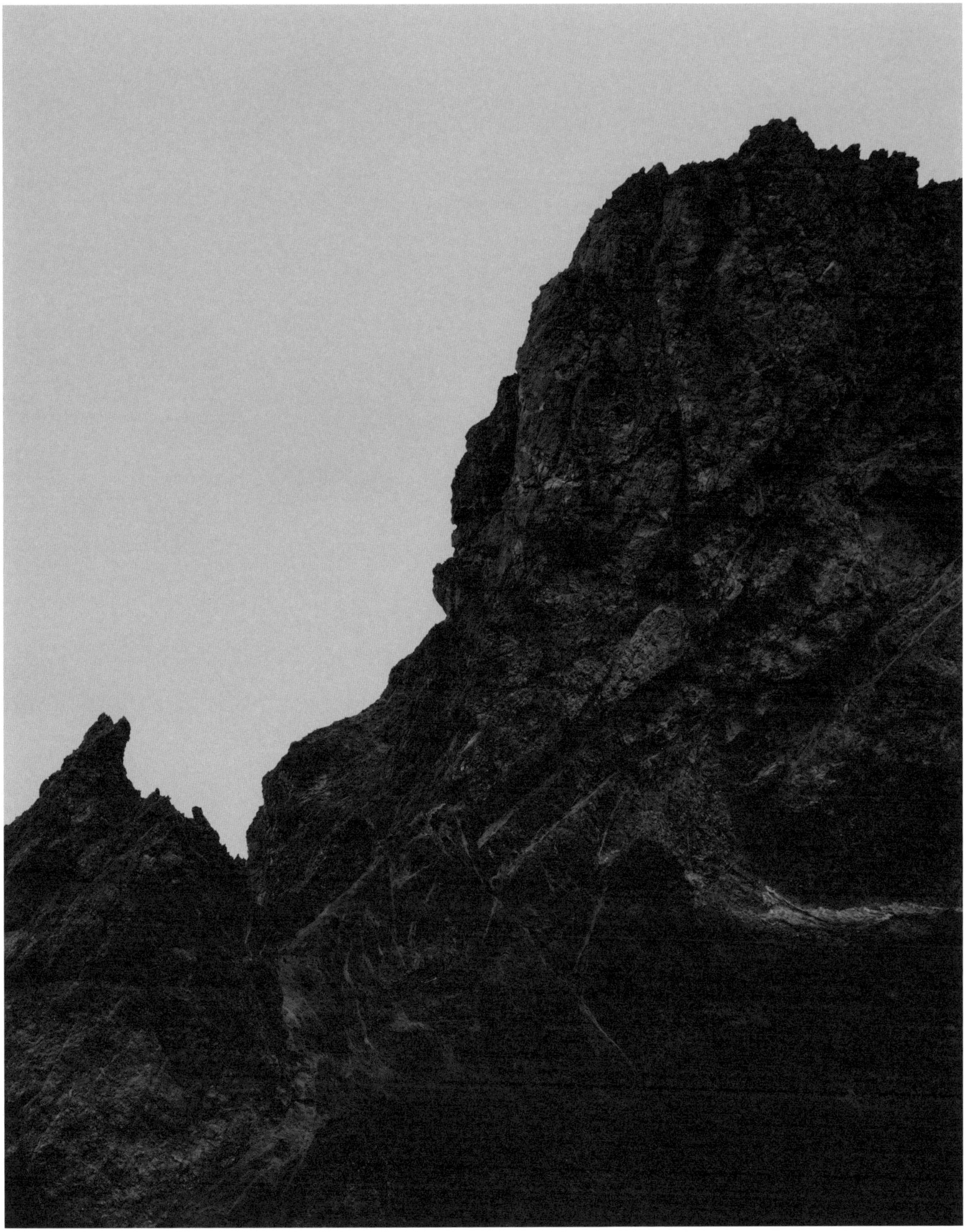

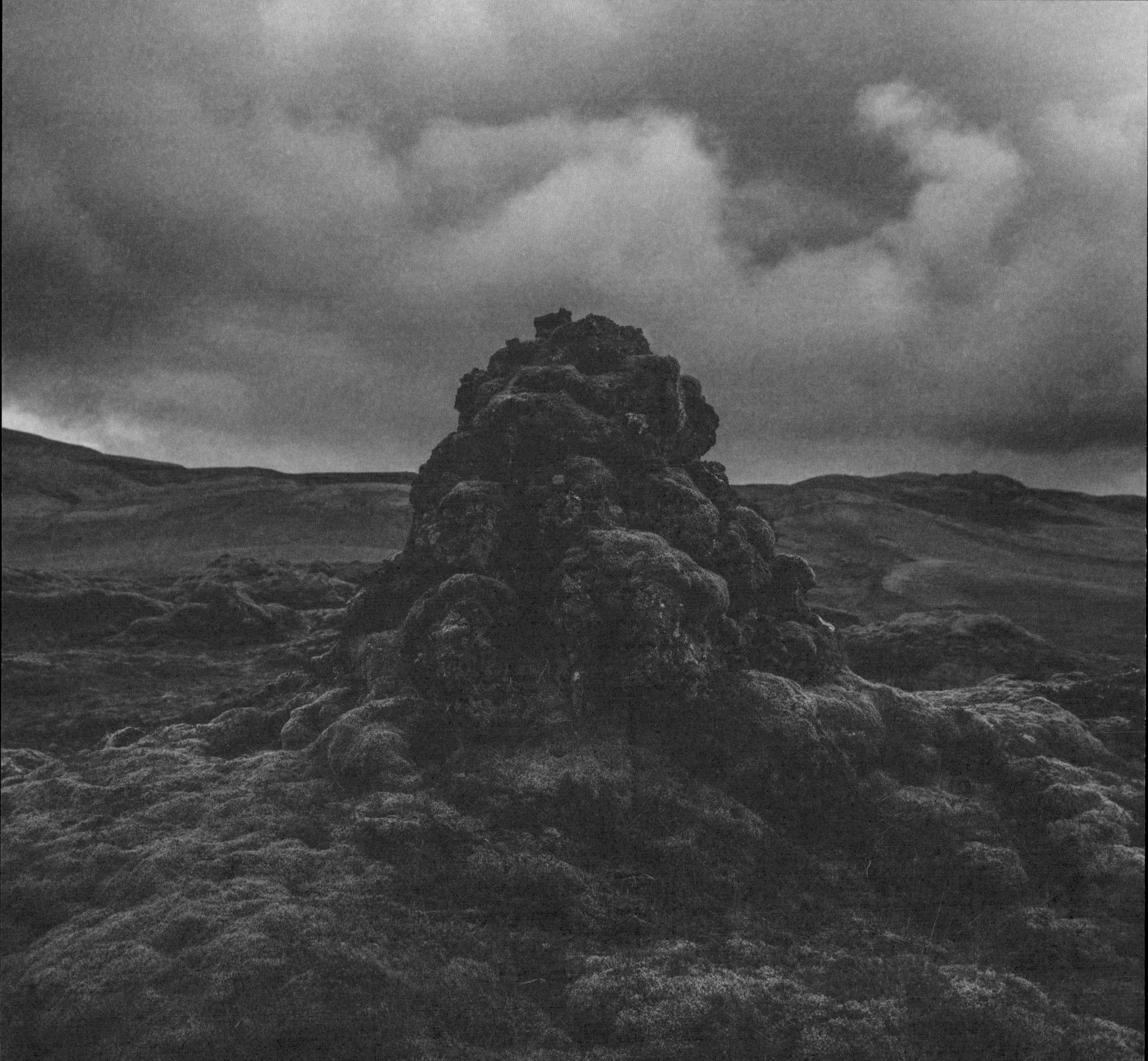

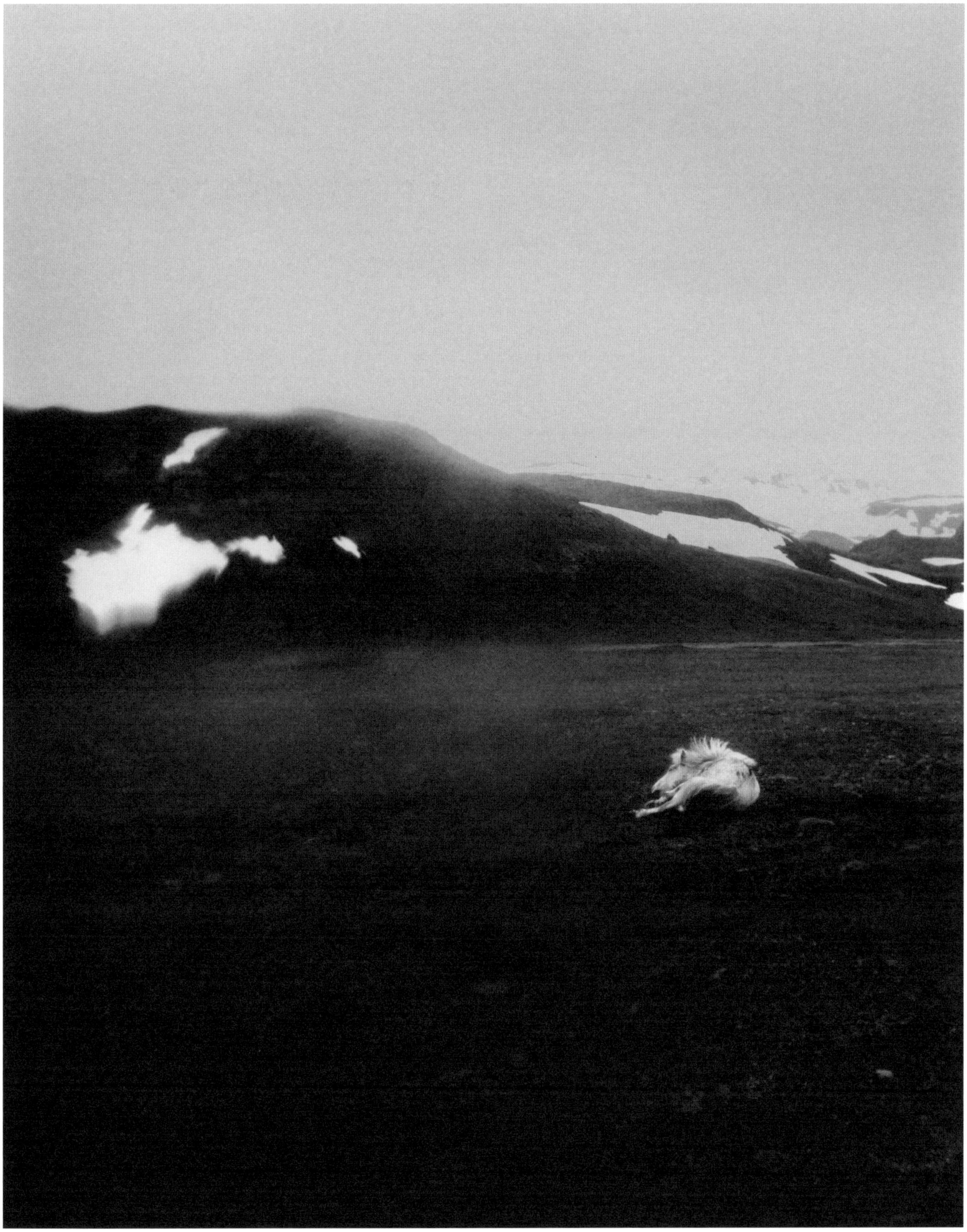

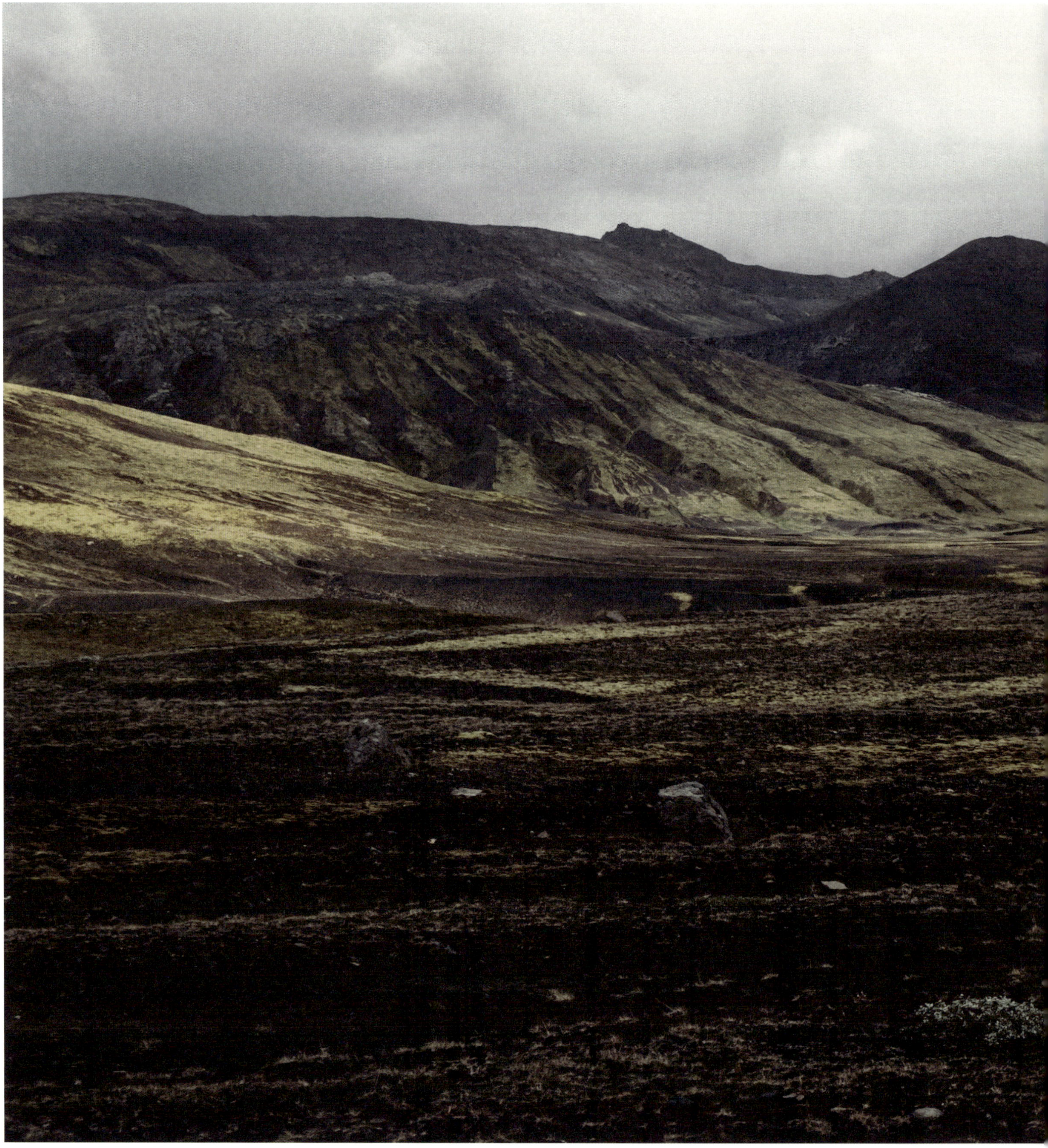

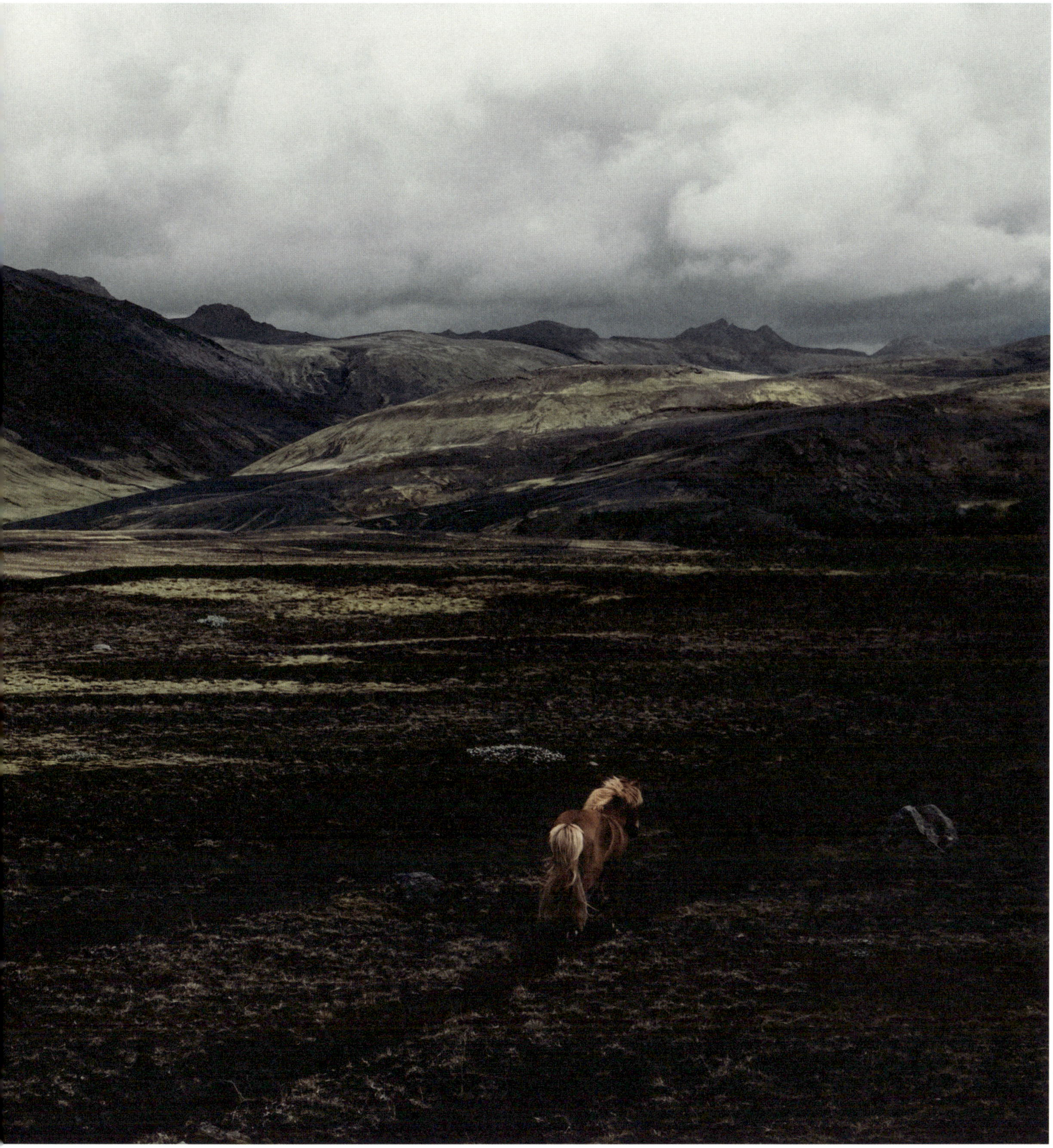

Hesturinn sem rennur yfir himininn og vætir jörðina með méldropum sínum, sem skapar morgundöggina

The horse that runs through the sky and sprinkles the ground with its spit and foam, which creates the dewdrops in the morning /*Goddess Nótt's horse Hrímfaxi*

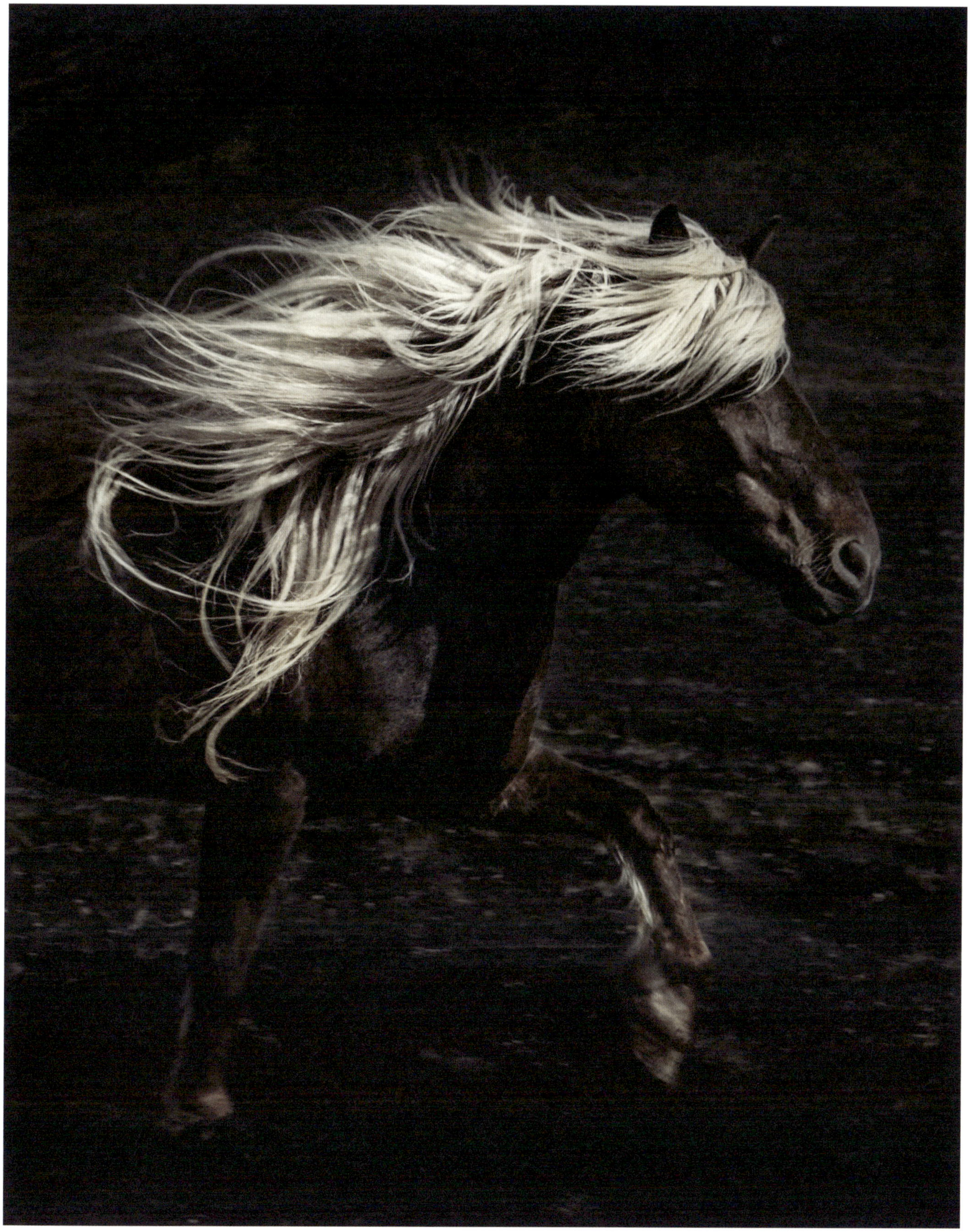

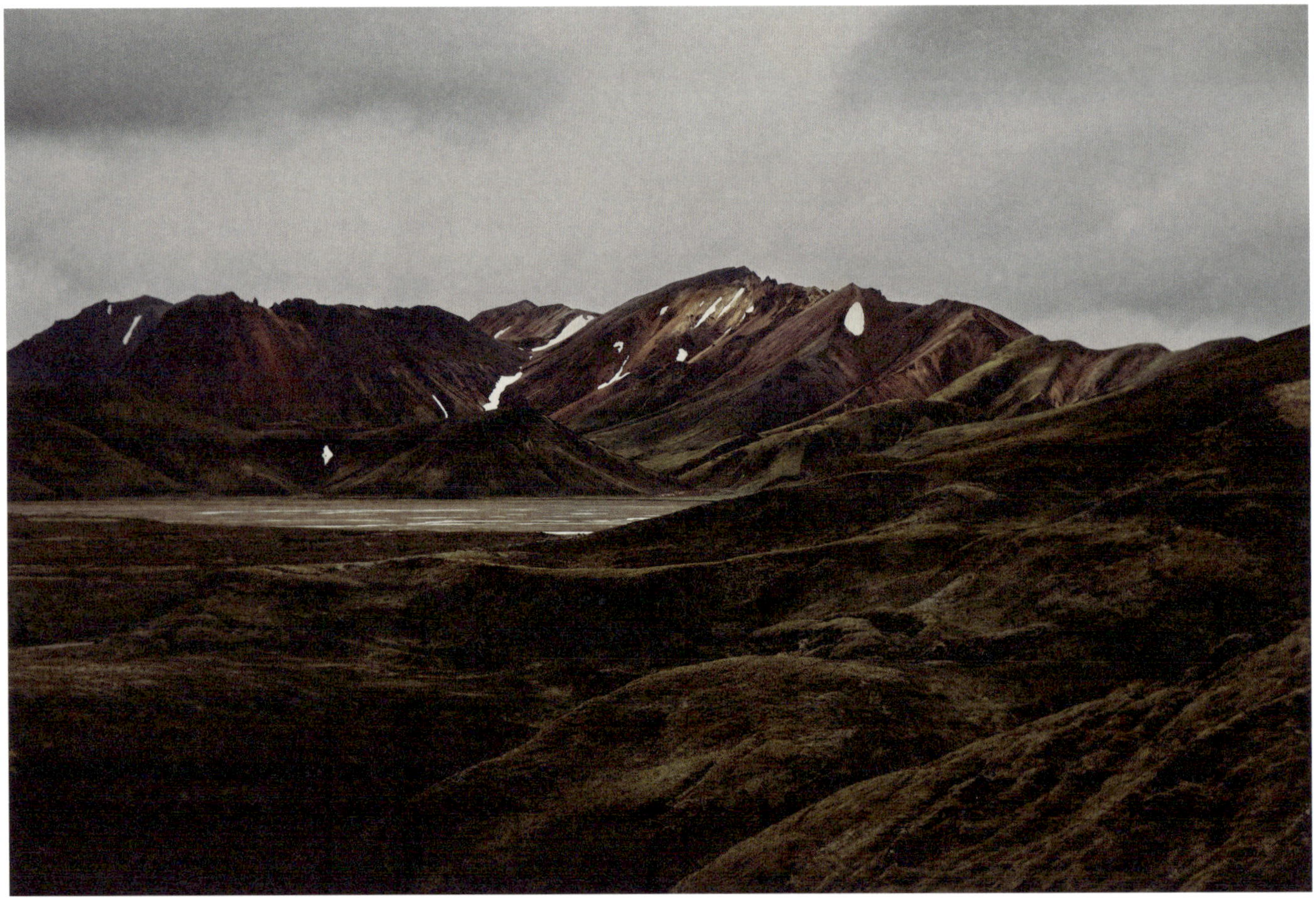

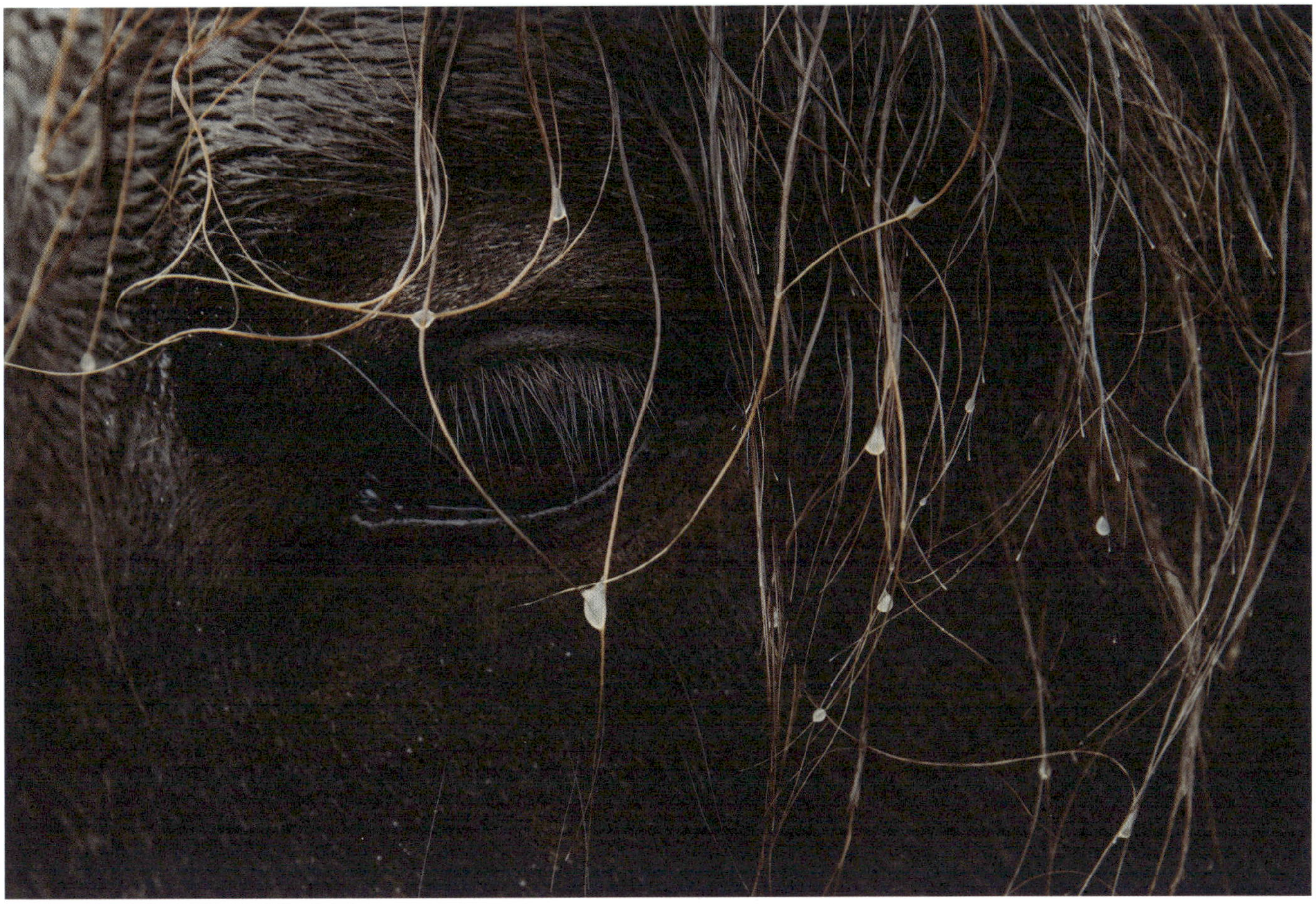

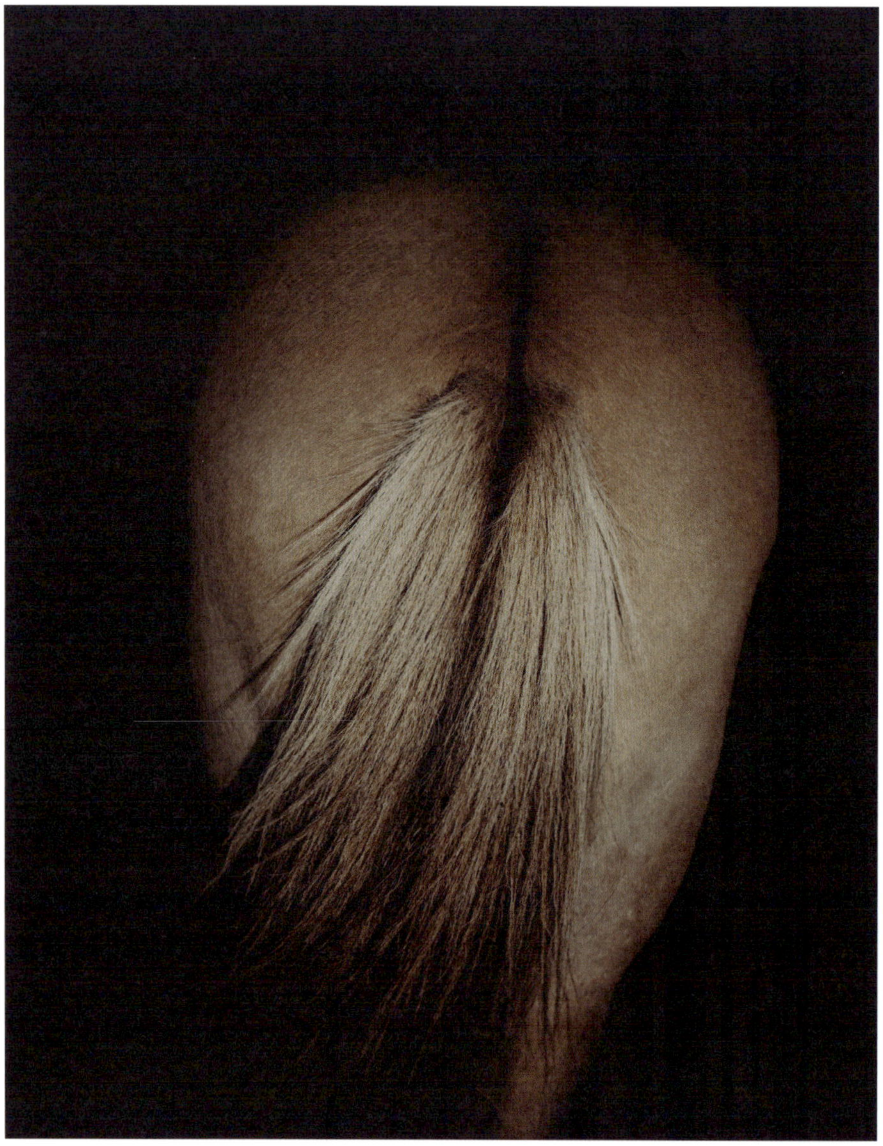

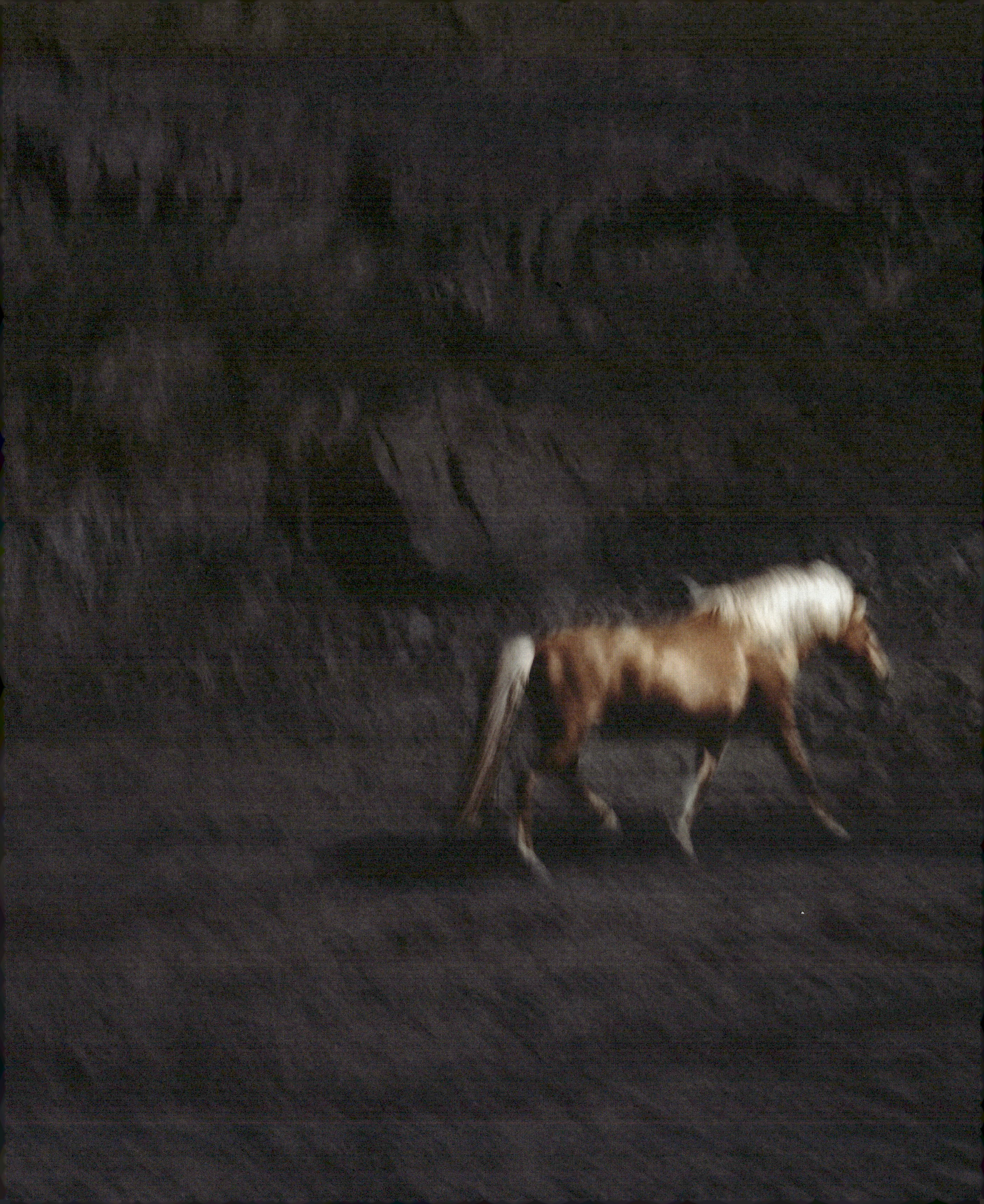

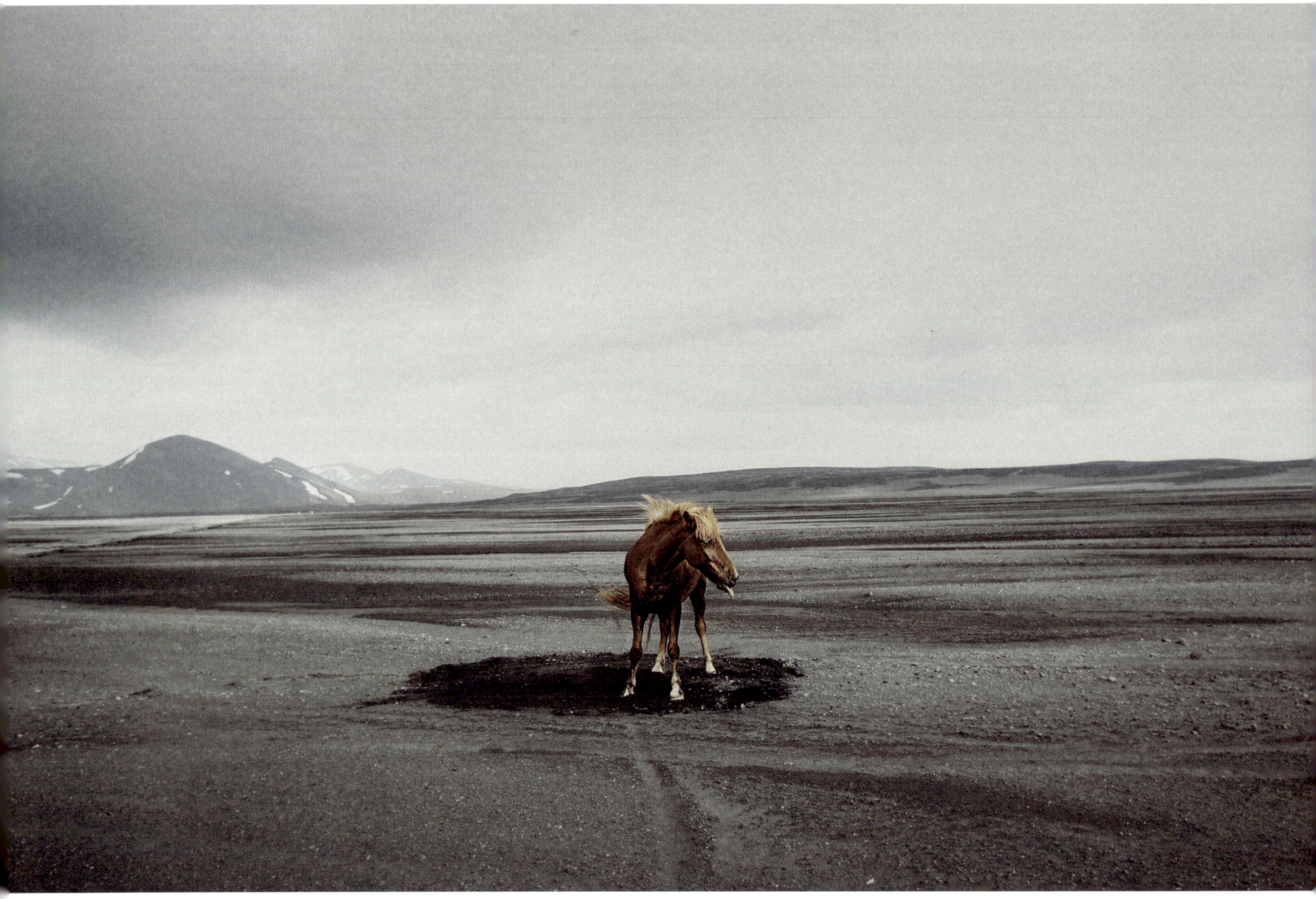

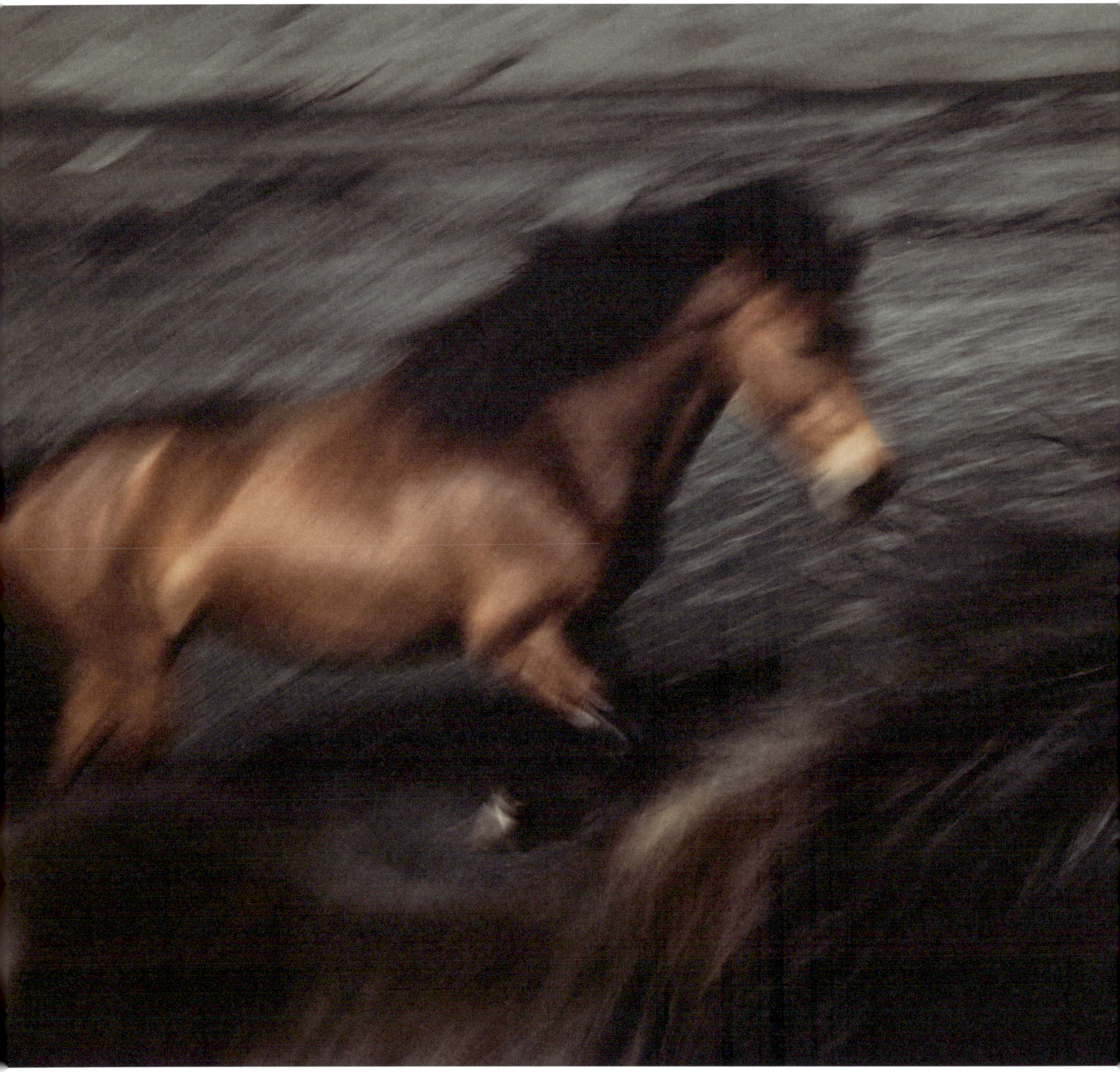

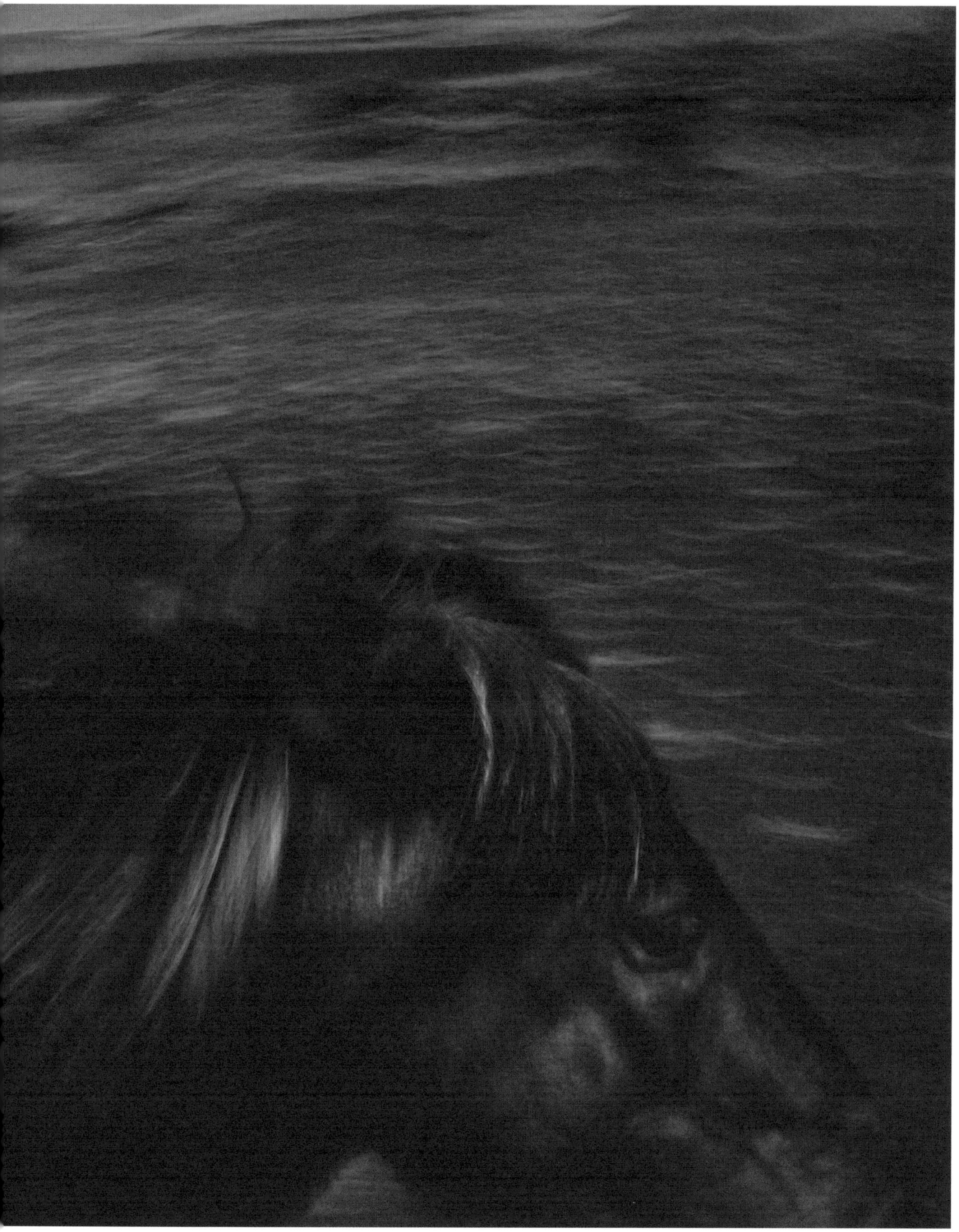

Það hófst allt í vatni. Það umlukti okkur, nærði okkur. Vaggaði okkur í svefn og bar okkur áfram á meðan við sváfum. Við vöknuðum við taktfast brimið þegar ferðalagið var á enda. Öldurótið greip okkur. Við vorum ringluð, en útlimir okkar vissu það sem við vissum ekki sjálf. Hreyfingar okkar voru hikandi í fyrstu, en urðu smátt og smátt öruggari. Þetta höfðu aðrir gert á undan okkur. Við vorum perlur á órjúfanlegu bandi. Nokkur sundtök og svo gripum við andann. Brjóstið lyftist, fylltist af kulda og fætur okkar snertu jörðina í fyrsta sinn. Við fundum hvernig jörðin togaði okkur til sín. Við fundum þrýstinginn í beinunum, í vöðvunum, í sinunum. Taugarnar voru stríðar og þær lágu niður í svörðinn. Fyrstu spor okkar voru reikul en sandurinn var mjúkur og gljúpur. Sjórinn söng og við fundum seltuna á vörunum. Við fettum hrygginn, teygðum úr hálsinum og svo opnuðum við augun.

Það fyrsta sem við sáum var sólin. Birtan var blindandi, en bara um stund. Síðan rann veröldin saman og við horfðum í fyrsta skipti yfir landið. Það reis fyrir framan okkur. Fölgul engi, grænar ávalar hlíðar, dökkbláir tindar. Og efst uppi ísinn; skjannahvítur og sindrandi. Við vissum ekki þá það sem við vitum núna: Að ávalar jökulbreiður slípa beittustu brúnirnar.

Okkur fannst landið kalla. Við gengum af stað. Fætur okkar höfðu sokkið í gegnsósa sandinn og hann vildi ekki sleppa, andvarpaði tregafullur við hvert fóttak. Hvert skref var átak. En í beinum okkar var vissan, fengin aftan úr örófi, um að allt sem væri einhvers virði kostaði sitt. En við börðumst áfram og við litum ekki um öxl. Að baki okkar voru öldurnar þegar farnar að má út spor okkar. Nokkrum andartökum síðar var fjaran aftur rennislétt, öll ummerki um okkur horfin. Eins og við hefðum aldrei stigið á þessa strönd.

En þá vorum við komin upp í fjöruna. Með fastara land undir fótum og það sem kom áður var þegar orðið að fjarlægum draumi. Kvaki sem bergmálaði aftast í hugskotinu og rann saman við niðinn í melgresinu. Það bugtaði sig fyrir vindinum sem lá af landi og bar með sér lykt af störum, blautum rótum og jurtum sem blómstra um skamma hríð.

Þetta er land öfganna. Náttúran var ávöl eða oddhvöss. En grösin svignuðu í stíg og við þræddum sendna leið inn á milli hnullunganna. Okkur fannst landið bjóða okkur inn. Við sáum ekki höndina sem var reidd til höggs.

Þetta er landið þar sem sólin svíkur tímann. Hún baðaði okkur án afláts, en henni fylgdi enginn ylur. Við gengum þar til hafið var horfið sjónum. Við gengum yfir ár og yfir dúandi mýrar þar sem allt flóði í vatni. Við þræddum þröngan dal þar til fjöllin urðu að ásum sem flöttust út og runnu saman við svarta sléttu sem teygði úr sér eins langt og augu okkar eygðu. Þá tókum við á sprett og fætur okkar þyrluðu upp þúsund ára gömlu ryki. Við skildum eftir okkur spor þar sem engin voru áður. Vöðvar þöndust, svitinn perlaði og vindurinn blés hári í augu okkar. Og við hlupum áfram. Víðáttan var í senn söm og síbreytileg. Sólin hékk yfir sjóndeildarhringnum og fylgdist með okkur eins og ískalt auga. Við biðum myrkurs sem ekki kom. Þegar kraftar okkur voru þrotnir þá námum við staðar. Við stóðum í hnapp og horfðum á sólina. Hún var á hreyfingu, en ekki í rétta átt. Við drukkum úr læk sem spratt fram undan hól og rann eins og glitrandi, ofinn strengur í gegnum sandinn. Við lögðumst til svefns undir gylltum skýjum og þegar við vöknuðum var orðið enn bjartara. Seinna lærðum við að á þessu landi er myrkrið jafn vægðarlaust og birtan.

Þetta er landið sem tekur. Þeir sem héldu ekki hópinn hurfu. Sumir létu glepjast af svipleiftrum; grænna grasi í fjarlægri hlíð, dalverpi sem virtist lofa skjóli, hvítum blómum sem bærðust í golunni eða tærum, djúpum tjörnum. Sumir vildu fara á undan – vera fyrstir til að kanna það sem framundan lá. Aðrir vildu dvelja lengur á tilteknum stað, þar sem mosinn var mjúkur eða þar sem mátti finna skjól frá linnulausum vindinum. En þeir sem fóru þeir komu ekki aftur. Við reyndum að hugsa ekki um nýja dvalarstaði þeirra. Við vorum þögul um djúpar sprungurnar í hrauninu, fenin sem voru full af slýi og brennandi gufuna sem læddist sums staðar upp á milli steinanna. Þeir sem héldu ekki hópinn hurfu.

Þetta er land hafsins. Það umlykur sístækkandi eyjuna, serfur hana stöðugt, sallar niður í sand. En hafið hefur samt ekki við vextinum því þar eru kraftar sem aldrei sofa. Landið heldur áfram að stækka, breiðast út. Þetta er land regnsins. Það fellur stundum letilega, í stórum, þungum dropum. En þegar vindurinn blæs þeytast þeir eins og kúlnahríð sem slípar fjöllin og ógnar öllu sem dirfist að gróa. Stundum frýs það í kristalla sem svífa til jarðar eins og drifhvítar fjaðrir. Þá verður allt mjúkt og hljótt, að minnsta kosti um stund. Þetta er land vatnsins. Það lekur niður sprungur, það seytlar í gegnum hraunið og safnast í dældum. Það fossar fram af klettum og niðurinn getur verið ærandi þegar flaumurinn mótar landið. Vatnið sígur niður setlögin. Þar byltir það sér og ólgar þar til suðupunkti er náð og það brýtur sér leið upp, í gegnum steininn, og öskrar upp í himininn þar sem skýin reyna að handsama það.

Þetta er landið þar sem myrkrið sigrar sólina. Það læðist yfir, ofurvarlega, á meðan hún hörfar jafnhratt. Og svo drottnar það yfir ríki sínu. Kuldinn var vægðarlaus. Hann æsti upp vindinn, eða kannski var það öfugt. Allt sem var hart varð harðara. Lækir, vötn, sandar. Meira að segja mosinn. Það fraus fyrir vitum okkar. Íshrönglið settist í hárið, þar sem vindurinn lamdi því við vangann án afláts. En áfram héldum við. Því landið kallaði enn og það hafði fyrir löngu barið okkur til hlýðni.

Eina nóttina vakti okkur öskur. Landið kveinaði, langdregið, dúpradda. Það bergmálaði í fjöllunum, nötraði í beinunum. Við störðum ósjáandi og hljóð inn í sortann. Við heyrðum risavaxinn jötuninn bylta sér, rísa á fætur og brölta af stað. Þegar það birti loksins af degi og föl sólin teygði fingur yfir fjallið að baki okkar þá sáum við sárið í sverðinum. Jörðin hafði gliðnað. Við gengum hikandi að gjánni. Yfir brúnina læddist reykur eins og fíngerðar, fölgular tágar. Lyktin var eitruð og okkur sveið í augun. Við litum undan. Þar var heldur ekkert að sjá. Það sást ekki til botns og það sem hafðist þar við hafði skriðið upp og horfið. Kannski hikuðum við þá. En við héldum samt áfram. Við vissum að það var of seint að snúa við. Að baki okkar lá sígráðugt hafið og ekkert annað. Og þangað snýr maður ekki aftur. Þögul sveigðum við framhjá gjánni. Landið byrjaði að rísa. Hraunið varð úfnara, reiðara. Veðráttan hafði ekkert náð að sefa þess unga hjarta. Brúnirnar voru hvassar og eftir nokkur skref urðu fætur okkar blóðrisa.

Þetta er land jöklanna. Það var léttir að stíga upp á ísinn og leyfa kuldanum að deyfa sára fætur. Ef við hefðum litið um öxl hefðum við séð að sporin sem við skildum eftir okkur voru blóðug. En við stöldruðum ekki við. Við horfðum ekki aftur. Eina leiðin var áfram. Kallið var orðið ákafara. Það dundi í eyrum okkar, í takt við sláttinn í brjóstum okkar. Eða kannski var kallið slátturinn. Það hafði fækkað í hópnum. Við vissum ekki hvernig það gerðist. Hvort einhverjir örmögnuðust. Hvort einhverjir gáfust upp. Hvort einhverjum stæði stuggur af kallinu. Hvað hefðum við séð ef við hefðum litið við? Ógreinileg form að baki okkar, eins og yfirgefnar vörður í þokunni? Örenda vini, óljósar þústir?

Það brast í ísnum undir fótum okkar. Djúpt ofan úr jöklinum heyrðist söngur. Við námum staðar á skarpri brún. Ísinn var blár í rökkrinu. Kallið bergmálaði í sprungunni og keyrði okkur áfram. Eitt okkar stökk og hin fylgdu á eftir. Við heyrðum hróp þeirra sem féllu endurkastast úr djúpinu, aftur og aftur, hljóðara og hljóðara, þar til hrópin þögnuðu. Við héldum áfram, upp brattar, hvítar hlíðar. Því ofar sem við gengum því nær miðjunni komumst við.

Efsti punktur. Þaðan sem allt er sprottið. Ef við hefðum litið um öxl hefðum við kannski séð sólina, hvernig roðagylltir geislarnir féllu á svartar strendur, rauð engi, brattar hlíðar og silfursprengda mela. En við horfðum ekki aftur. Og tindurinn sem við stóðum á var ekki dökkblár. Hann var appelsínugult auga. Það glóði í jöklinum, hringað svörtu. Við stóðum þögul og störðum.

Síðan tókum við síðasta skrefið. Taugarnar strekktust, sinarnar slitnuðu, vöðvarnir sungu, húðin rifnaði og flettist upp. Síðan sprungum við út í glóandi hryðju af glæringum. Við þutum gegnum loftið, yfir ís, fjöll, mela og engi og skullum til jarðar í hvítfyssandi gufustrók. Hafið umlukti okkur. Vaggandi öldurnar mótuðu okkur.

Það hefst allt í vatni.

All began in water. It surrounded us, fed us. It rocked us to sleep and carried us onward as we slept. We woke to the rhythm of the surf when the journey was over. The current seized us. We were confused, but our limbs knew what we did not know ourselves. Our movements were hesitant at first, but bit by bit they became steady. Others had done this before us. We were pearls strung on an unbreakable line. Some hard swimming and then we caught our breath. Breast rising, full of cold, and our feet touched the ground for the first time. We felt how the earth pulled us toward itself. We felt the pressure in our bones, in our muscles, in our mind. The nerves were taut and rooted in the turf. Our first steps were hesitant but the sand was soft and absorbent. The sea sang and we felt salt on our lips. We arched our spine, stretched out our neck and opened our eyes.

The first thing we saw was the sun. The brightness was blinding, but just for a moment. Then the world came together and we looked for the first time across the land. It rose up in front of us. Pale yellow meadows, round green hills, dark blue peaks. And the ice on top; shining white and shimmering. We did not know then what we know now: round ice sheets hide the sharpest edges.

We felt the country calling. We set off. Our feet sunk into waterlogged sand that did not want to let go, sighing reluctantly with each release. Each step was an effort. But in our bones was the certainty, from time immemorial, that you have to pay dearly for everything that is worth something. So we struggled on and did not look back. Behind us were the waves had already come to wash away our steps. A few moments later the coast was sleek again, all traces of us gone. As if we had never climbed this beach.

But then we got up past the shore. With firmer land underfoot, what had come before was already a distant dream. Chirps that echoed at the back of the mind and trailed off in the wild grass. It bent with the wind that blew off the land and brought with it the smell of wet roots, and plants that bloom for a short while.

This is a land of extremes. The nature was round or sharp-edged. But the grass buckled into a path and we threaded a sandy way between the boulders. We felt the country inviting us in. We did not see the hand raised to strike.

This is the land where the sun cheats time. She bathed us relentlessly, but no heat followed her. We walked until the sea disappeared. We walked over rivers and rippling swamps where everything was flooded with water. We threaded through the narrow valley until the mountains turned to ridges that flared out before disappearing into the black flatness that stretched as far as our eyes could discern. We sprinted and our feet threw up thousand-year old dust. We left our tracks where there had been none before. Muscles straining, sweat beading and wind blowing hair in our eyes. And we ran on. The expanse was at once the same and always changing. The sun hung over the horizon and watched us like an ice-cold eye. We waited for darkness that did not come. When our strength was drained we stood still. We stood in a knot and looked at the sun. She was moving, but not in the right direction. We drank from a stream that sprang out of a hill and ran like a glittering woven chord through the sand. We lay down to sleep under golden clouds and when we woke they had gotten even brighter. Later we learned that in this land the darkness is as ruthless as the light.

This is the land that takes. Those who strayed from the group disappeared. Some were taken in by mirages; green grass on distant slopes, valleys that seemed to offer shelter, white flowers that stirred in the breeze or clear, deep ponds. Some wanted to go on ahead – to be the first to explore what lay beyond. Others wanted to linger where the moss was soft or where shelter could be found from the endless wind. But those who went did not come back. We tried not to think about their new resting places. We were silent about the deep cracks in the lava, the fens full of slurry and burning steam that seeped up in some places between the stones. Those who strayed from the group disappeared.

This is the sea's land. It surrounds the ever-growing island, erodes her constantly, wearing her down to sand. But the sea cannot keep up because there are powers that never sleep. The country goes on expanding, spreading out. This is the land of rain. It sometimes falls idly, in big, heavy drops. But when the wind blows it whips them like a hailstorm that grinds down the mountain and threatens all that dares grow. Sometimes the rain freezes into crystals that drift to the ground like pure white feathers. Then everything becomes smooth and quiet, for a while. This is the land of water. It leaks down the cracks, it seeps through the lava and collects in the crannies. There are waterfalls cascading over cliffs and the descent can be deafening when the torrent shapes the land. The water settles the sediment. Then it tosses and swells until it bursts up boiling, through the rock, and screams into the sky where the clouds try to capture it.

This is the land where the dark wins over the sun. It sneaks in carefully, while she recedes in time. And then the darkness reigns. The cold was ruthless. It stirred up the wind, or maybe it was the other way around. Everything that was hard became harder. Streams, lakes, sand. Even the moss. It froze over our mouths and noses. Icicles set into our hair, pounding our faces relentlessly with the wind. But we went on. Because the land still called and it had long since beat us into submission.

One night we woke to a roar. The land cried, drawn-out, deep-voiced. It echoed around the mountains, rattled in our bones. We stared without seeing or making a sound in the dark. We heard an enormous giant stirring, rising to its feet and tumbling away. When dawn finally came and the pale sun stretched its fingers over the mountain behind us, we saw the wound in the sod. The earth had slid apart. We went cautiously to the crevasse. Smoke seeped over the edge in pale yelow tendrils. The smell was toxic and burnt our eyes. We looked away. There was nothing to see. The bottom lost in the darkness and the thing that lived there had crawled up and disappeared.

Perhaps then we hesitated. But we still went on. We knew it was too late to turn back. Behind us lay the insatiable sea and nothing else. And one does not turn back to that. We curved around the ravine in silence.

The land began to rise. The lava was rough and angry. The weather had not soothed its young heart. The edges were sharp and after a few steps our feet became bloody.

This is the land of the glaciers. It was a relief to step out onto the ice and let the cold numb our wounded feet. If we had turned we would have seen that the tracks we left behind were bloody. But we did not falter. We did not look back. The only way was onward. The call had become more intense. It rang in our ears in time with the beat in our breasts. Or maybe the call was the beat. The group had diminished. We did not know how it happened. Whether they were simply spent. Whether anyone gave up. Whether anyone was afraid of the call. What would we have seen if we had looked? Obscure shapes at our backs, like abandoned cairns in the fog? Dead friends, vague figures?

The ice cracked under our feet. From deep within the glacier we heard a song. We came to a stop on a sharp edge. The ice was blue in the twilight. The call echoed through the cracks and drove us on. One of us jumped and then the others followed. We heard the shouts of those who fell resounding from the depths, over and over again, sound after sound, until the cries went silent. We went on, up steep white slopes. The higher we went the nearer to the center we got.

Upward to the pinnacle. From where everything springs. If we had looked over our shoulders we might have seen the sun, how the golden rays fell on black beaches, red meadows, steep slopes and gravel beds laid with silver. But we did not look back. And the peak where we stood was not dark blue. It was an orange eye. It glowed in the glacier, ringed with black. We stared in silence.

Then we took the final step. Nerves stretched out, tendons worn, muscles singing, skin ripped and torn. Then we exploded in a glowing downpour of sparks. We roared through the air, over ice, mountains, gravel and meadows and crashed to the ground in a frothy white jet of steam. The sea surrounded us. The rocking waves shaped us.

It all begins in water.

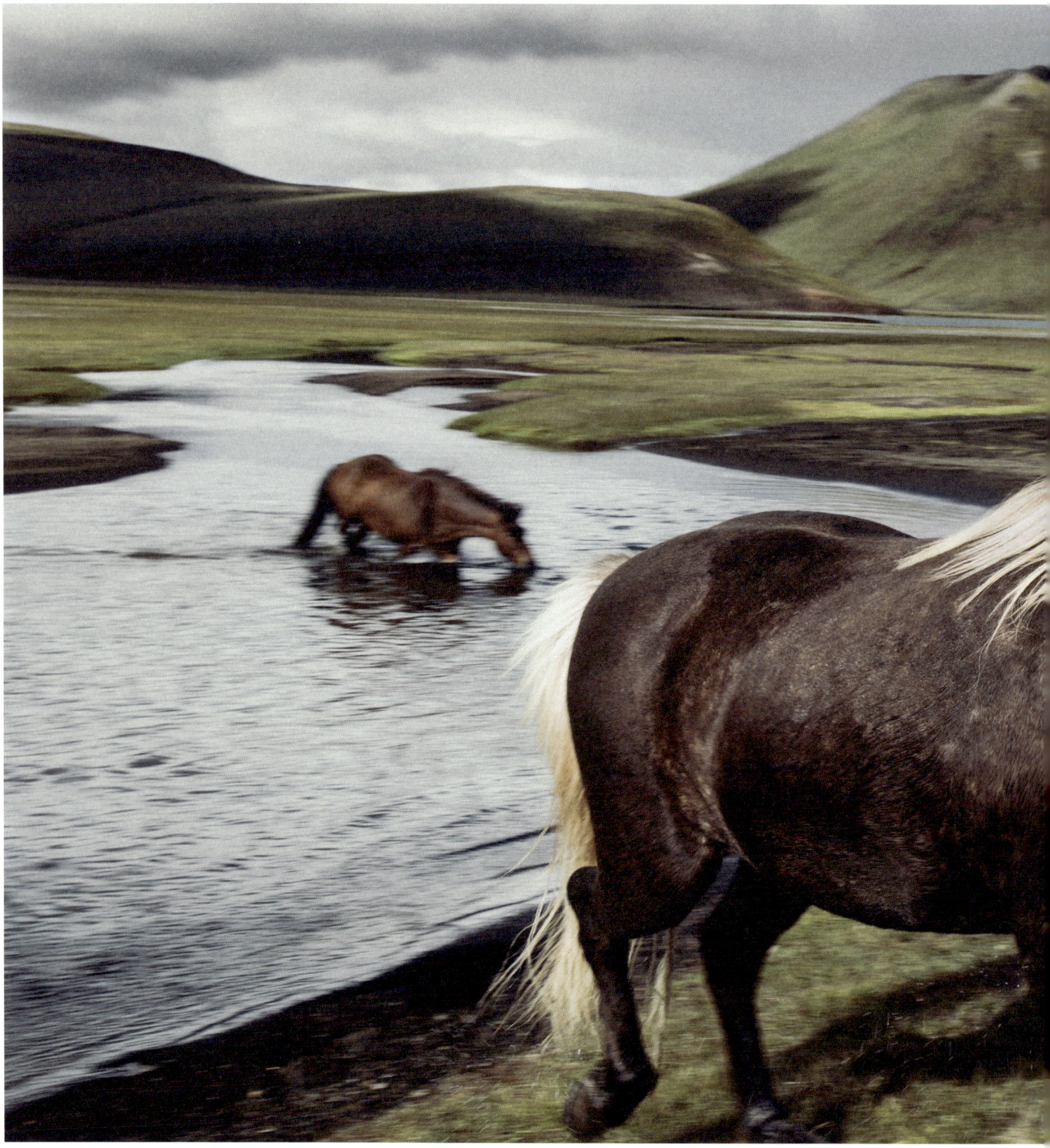

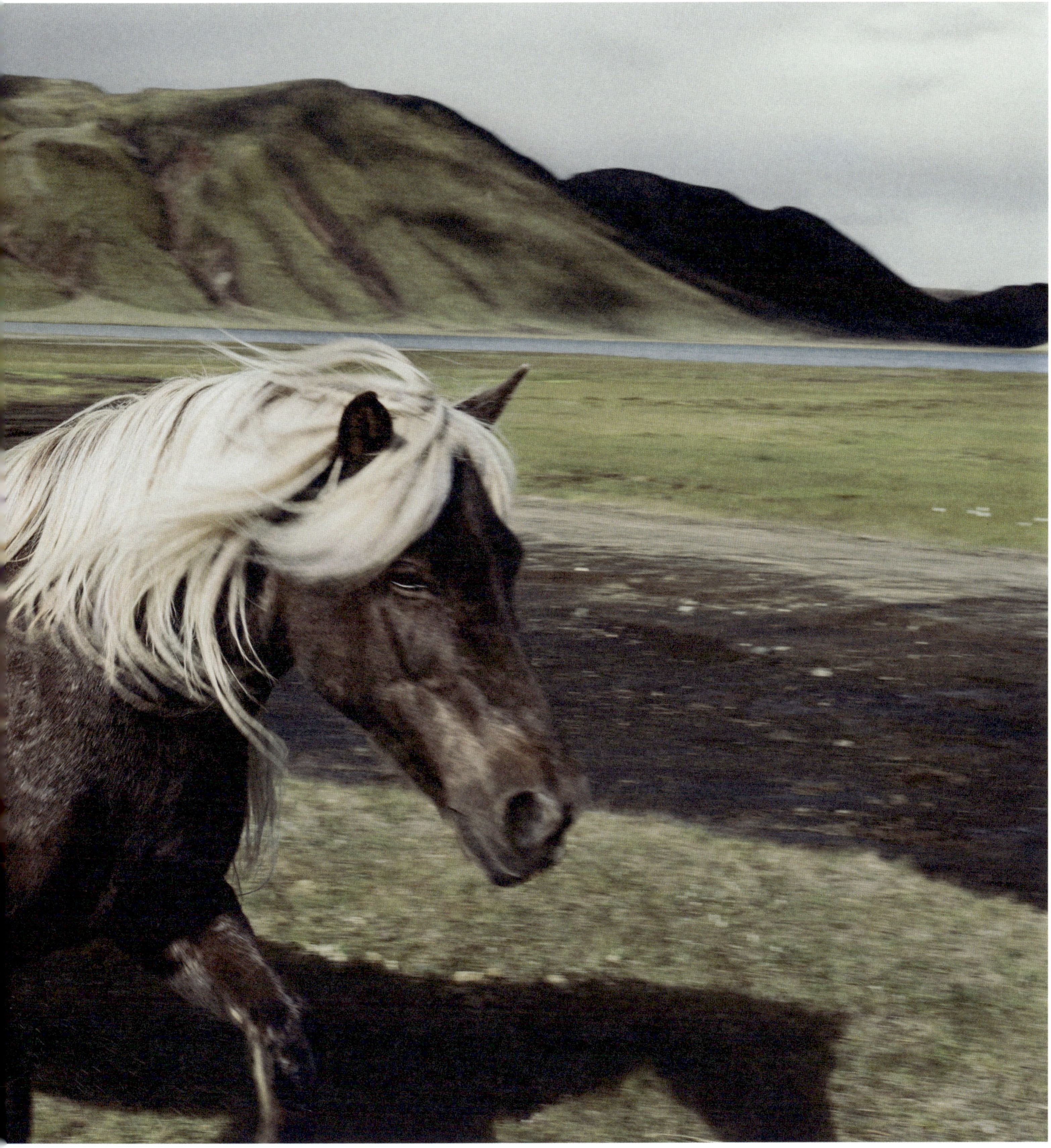

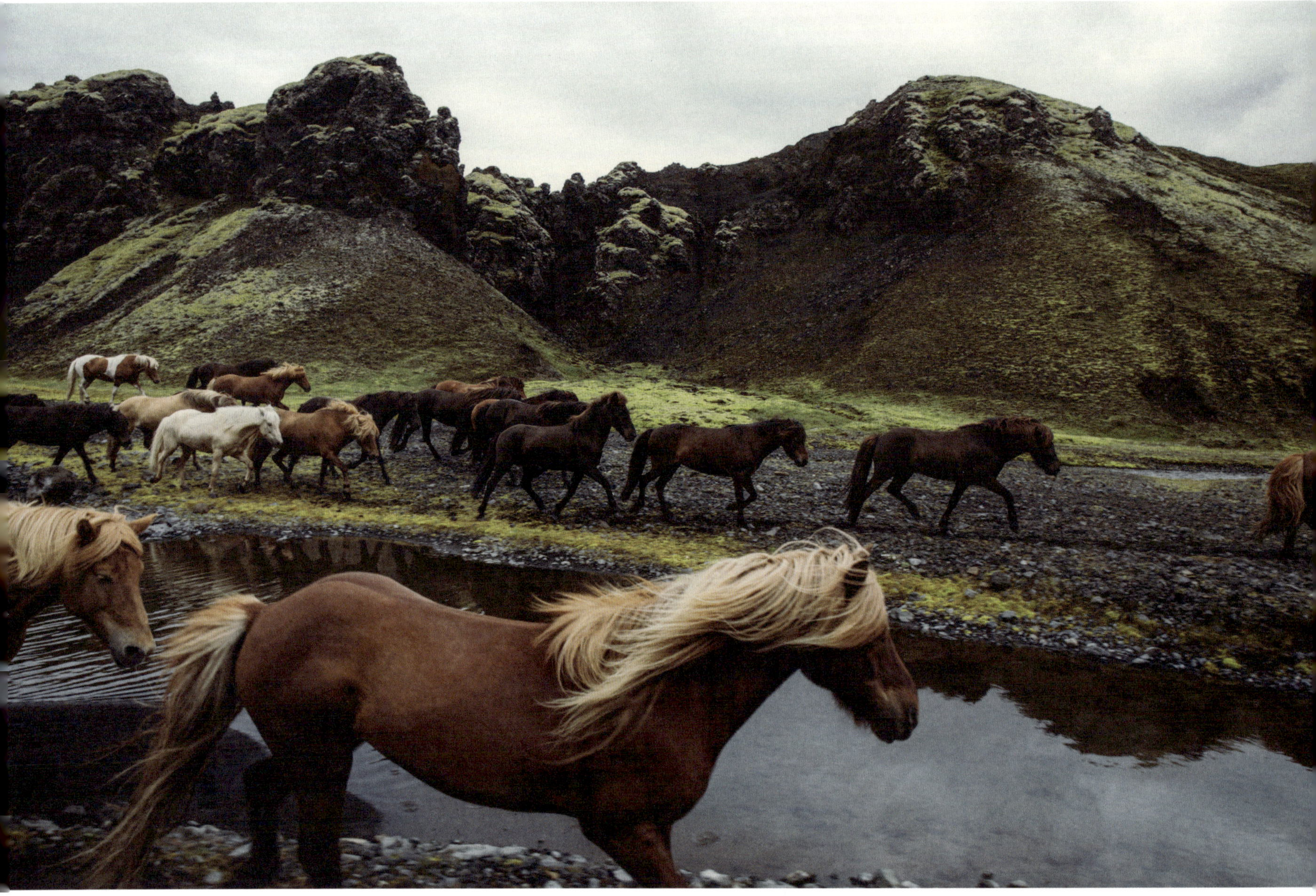

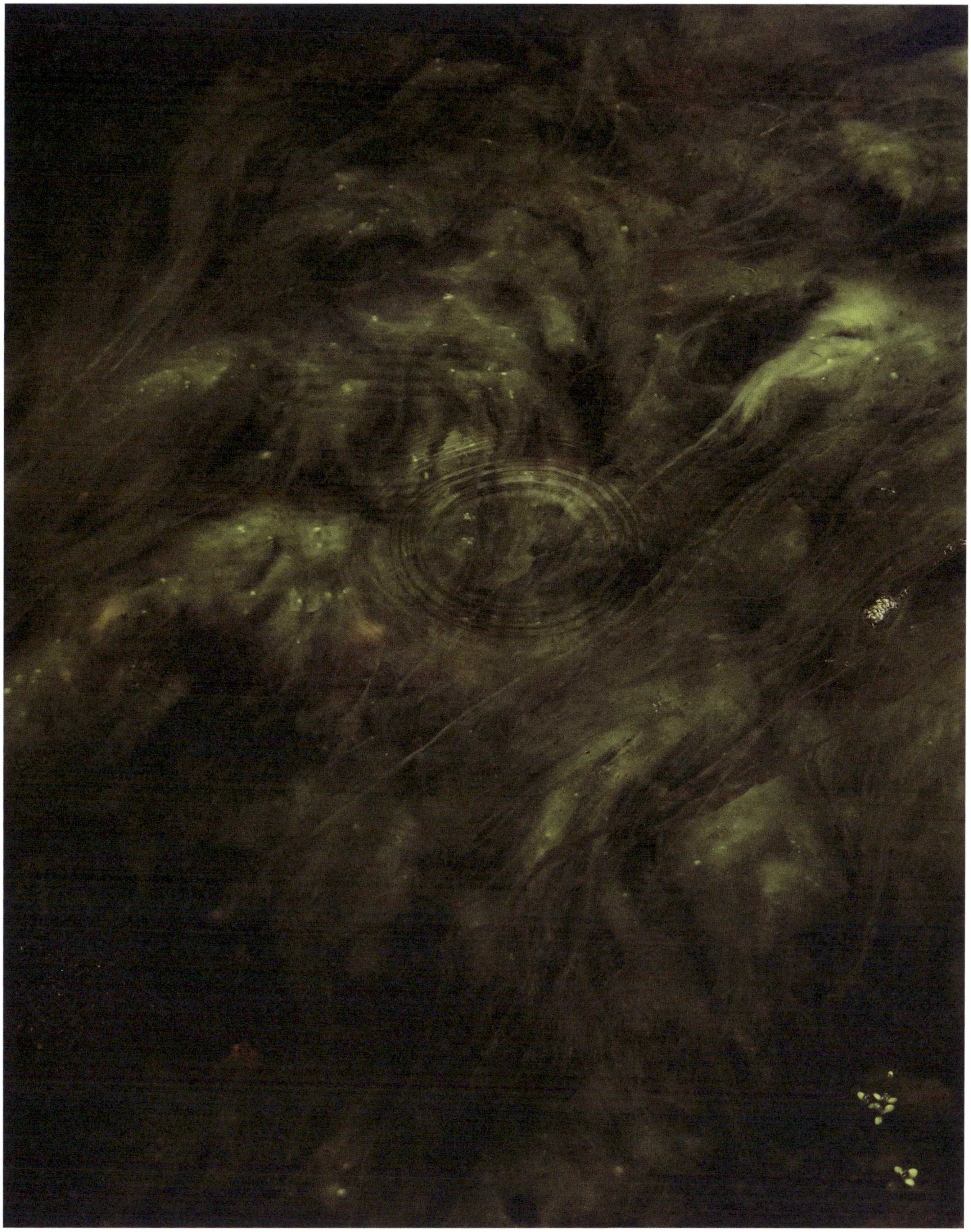

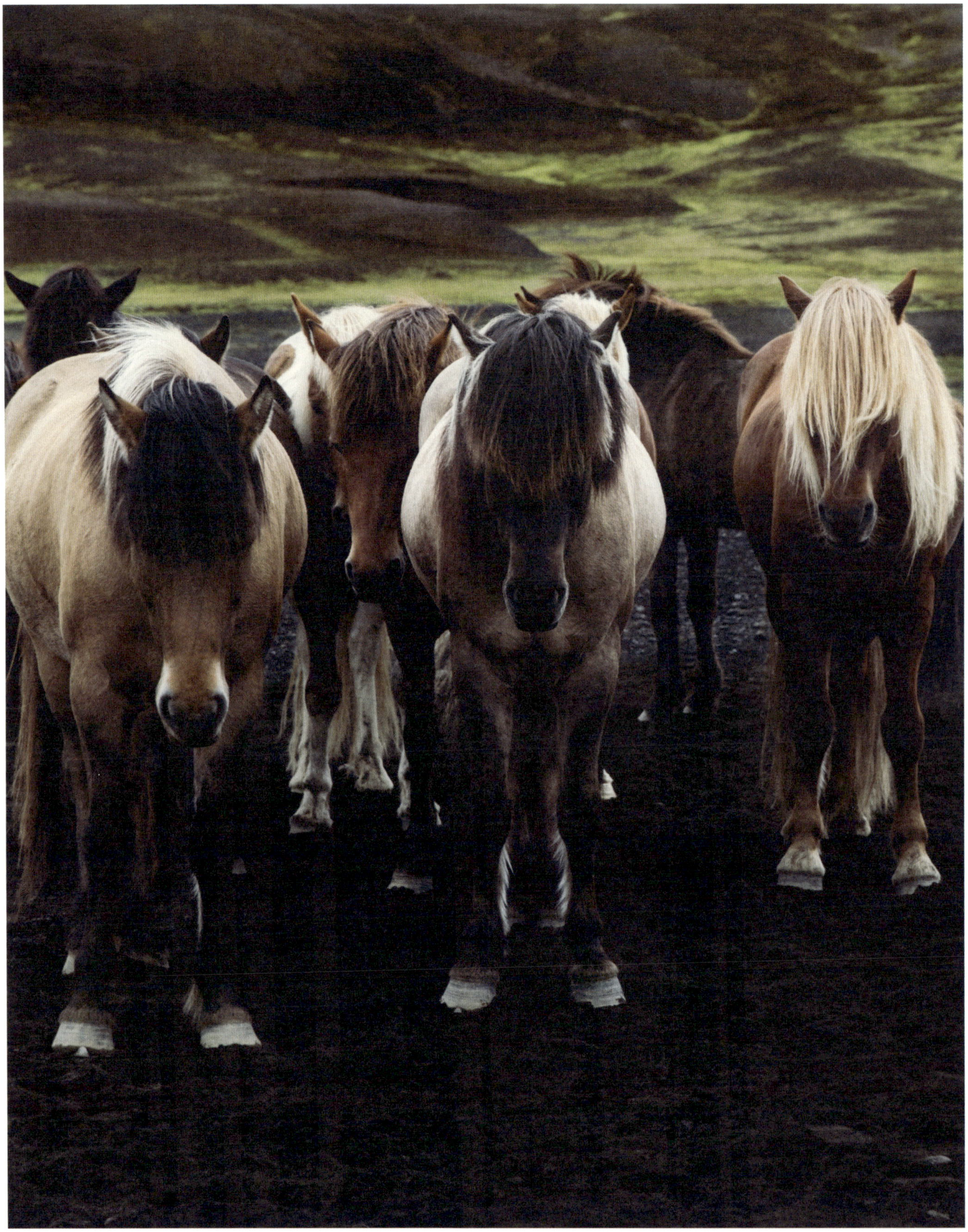

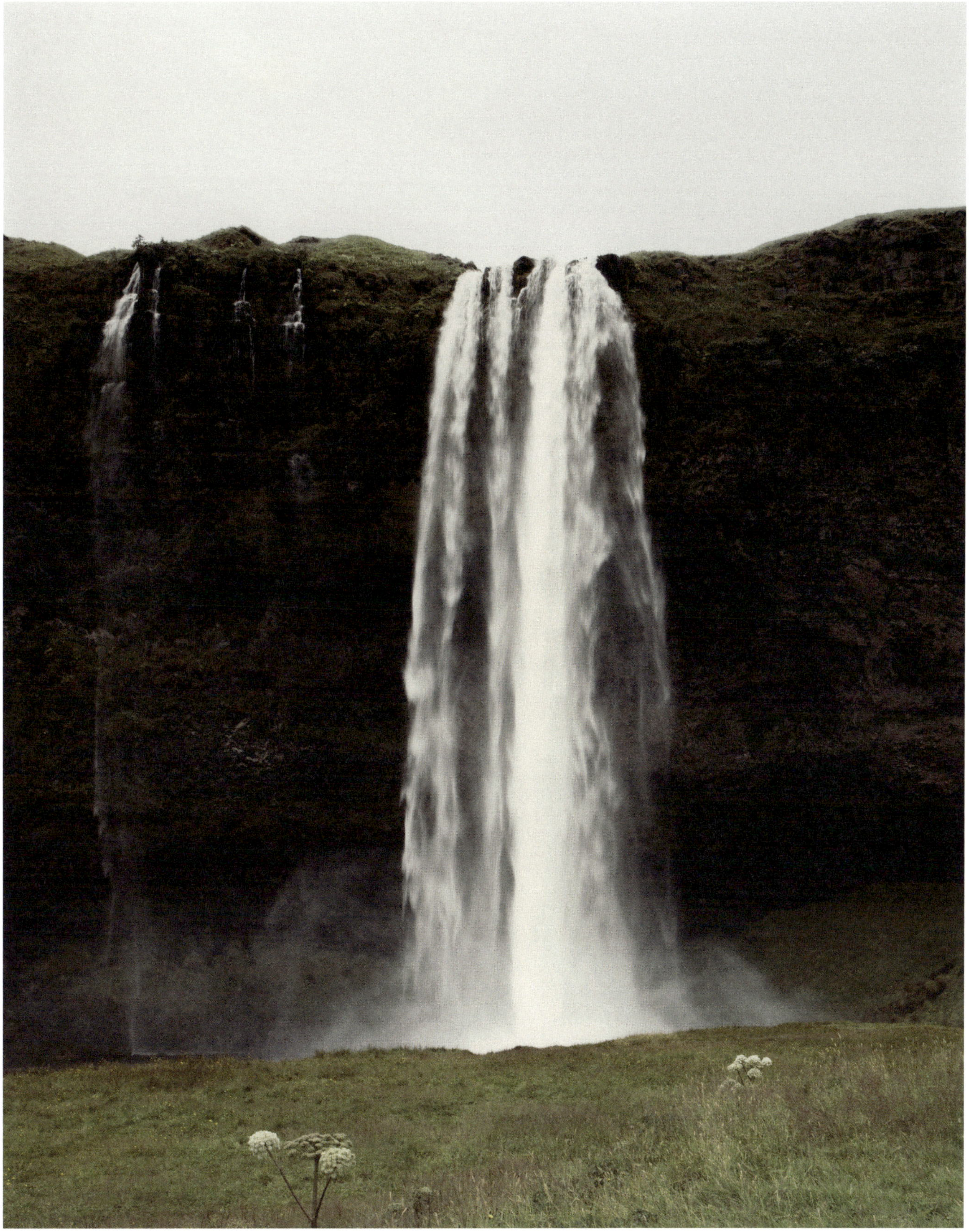

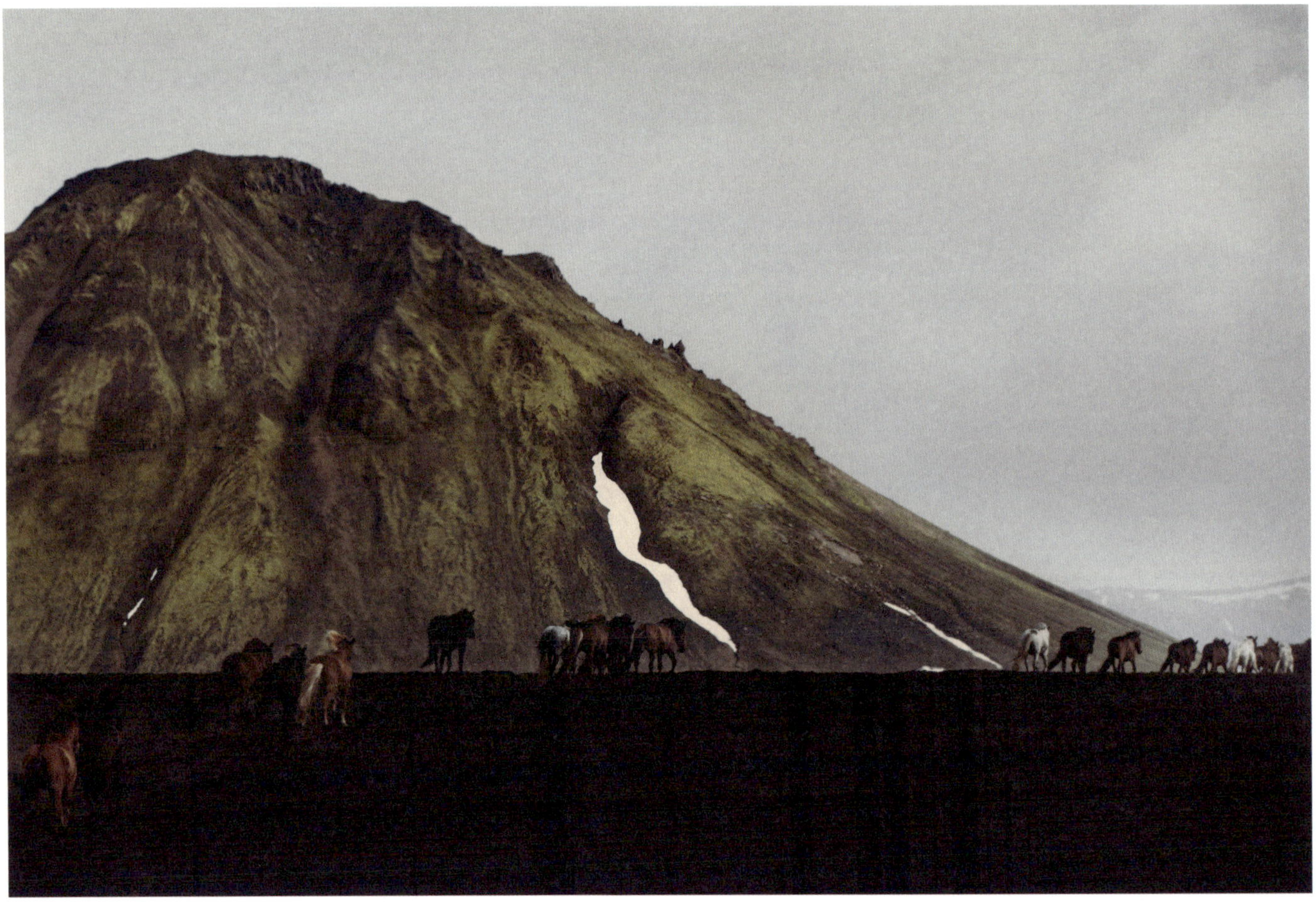

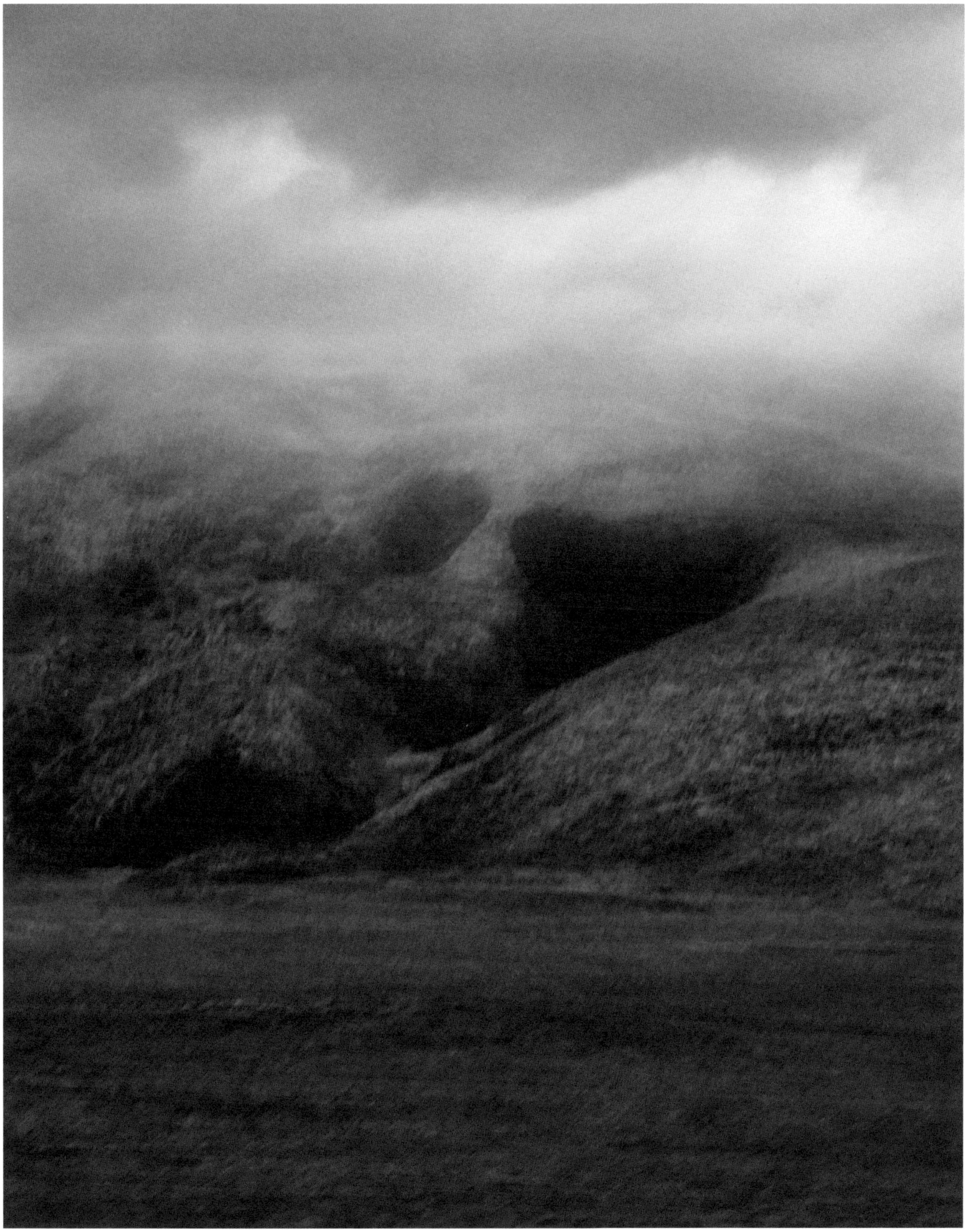

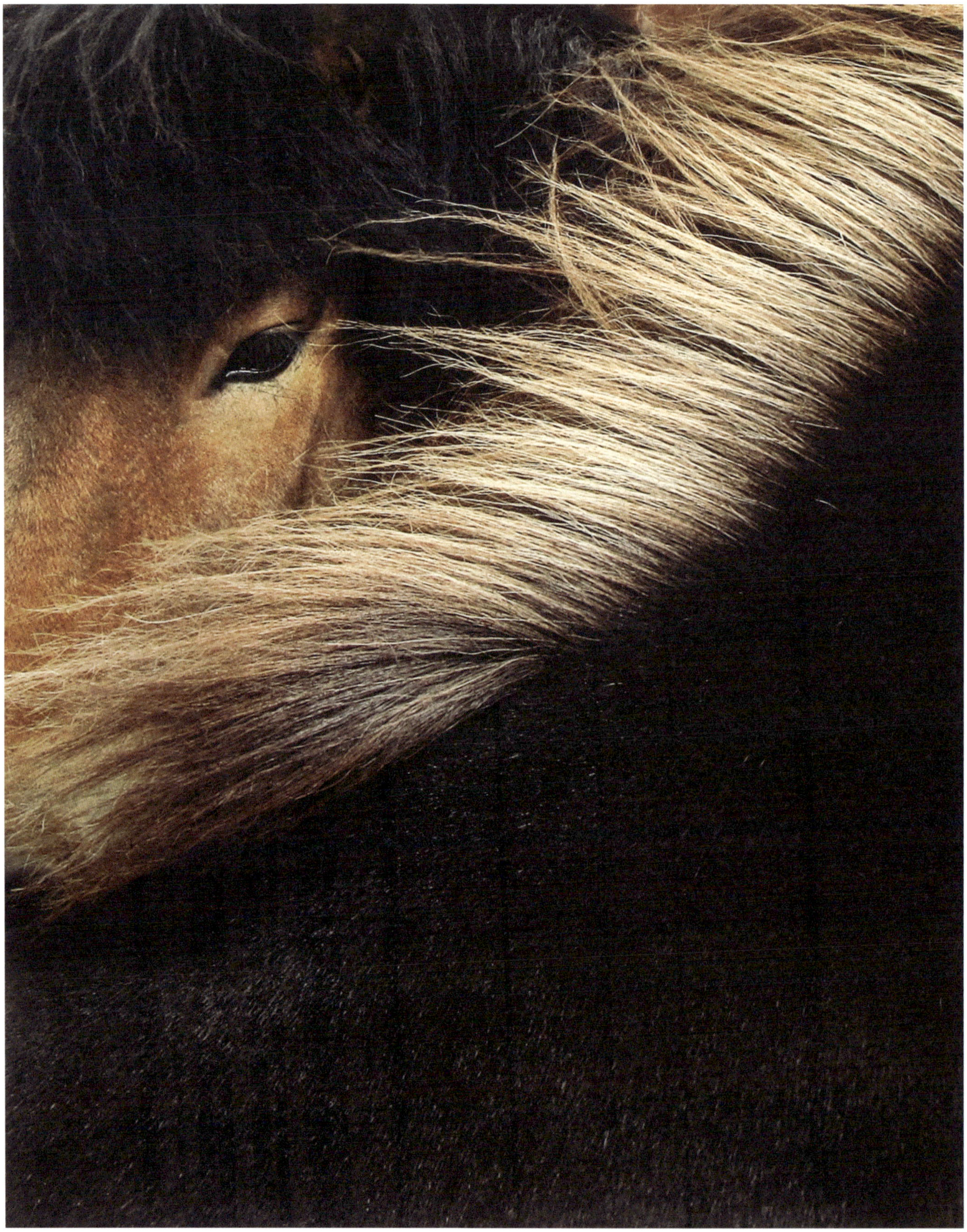

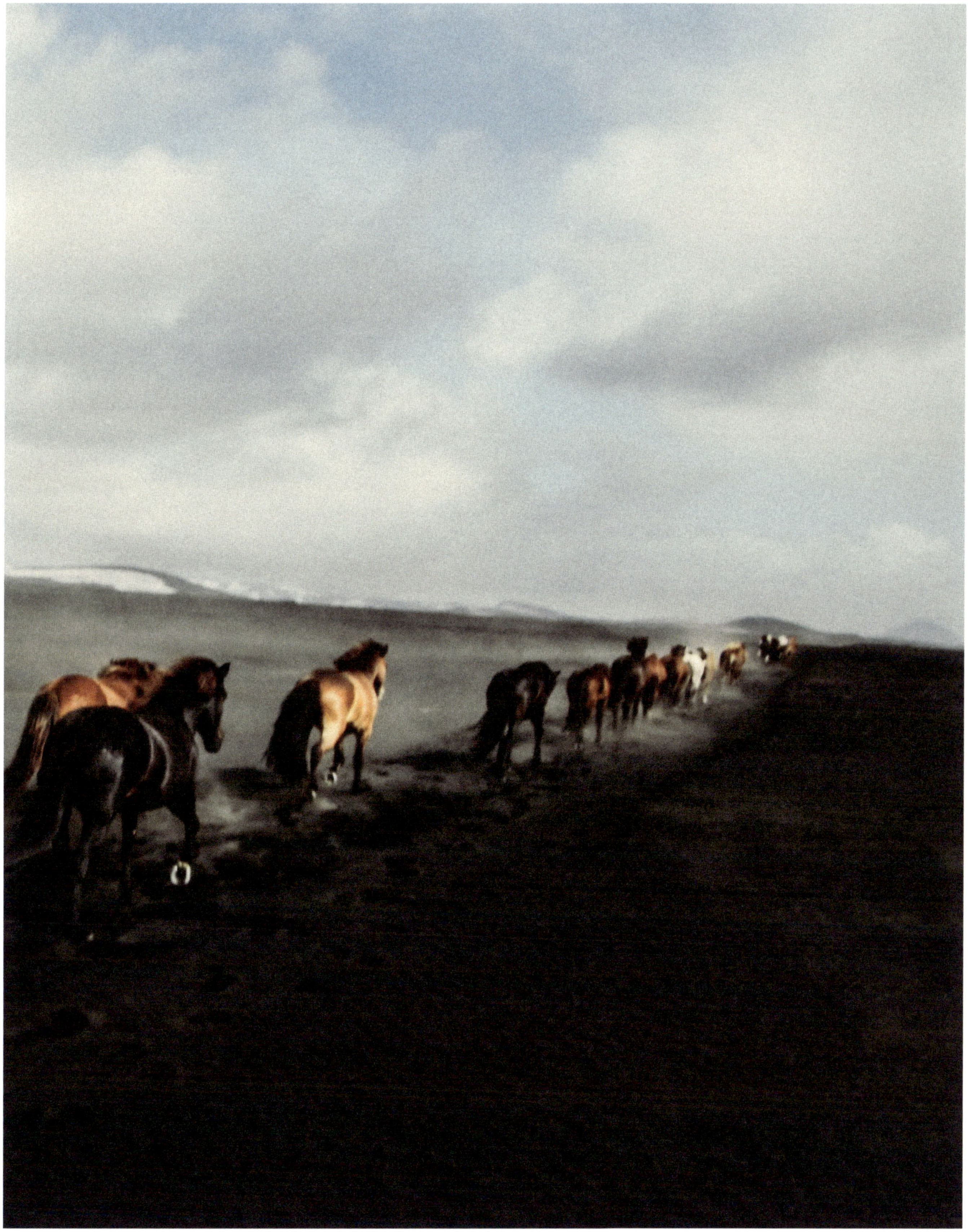

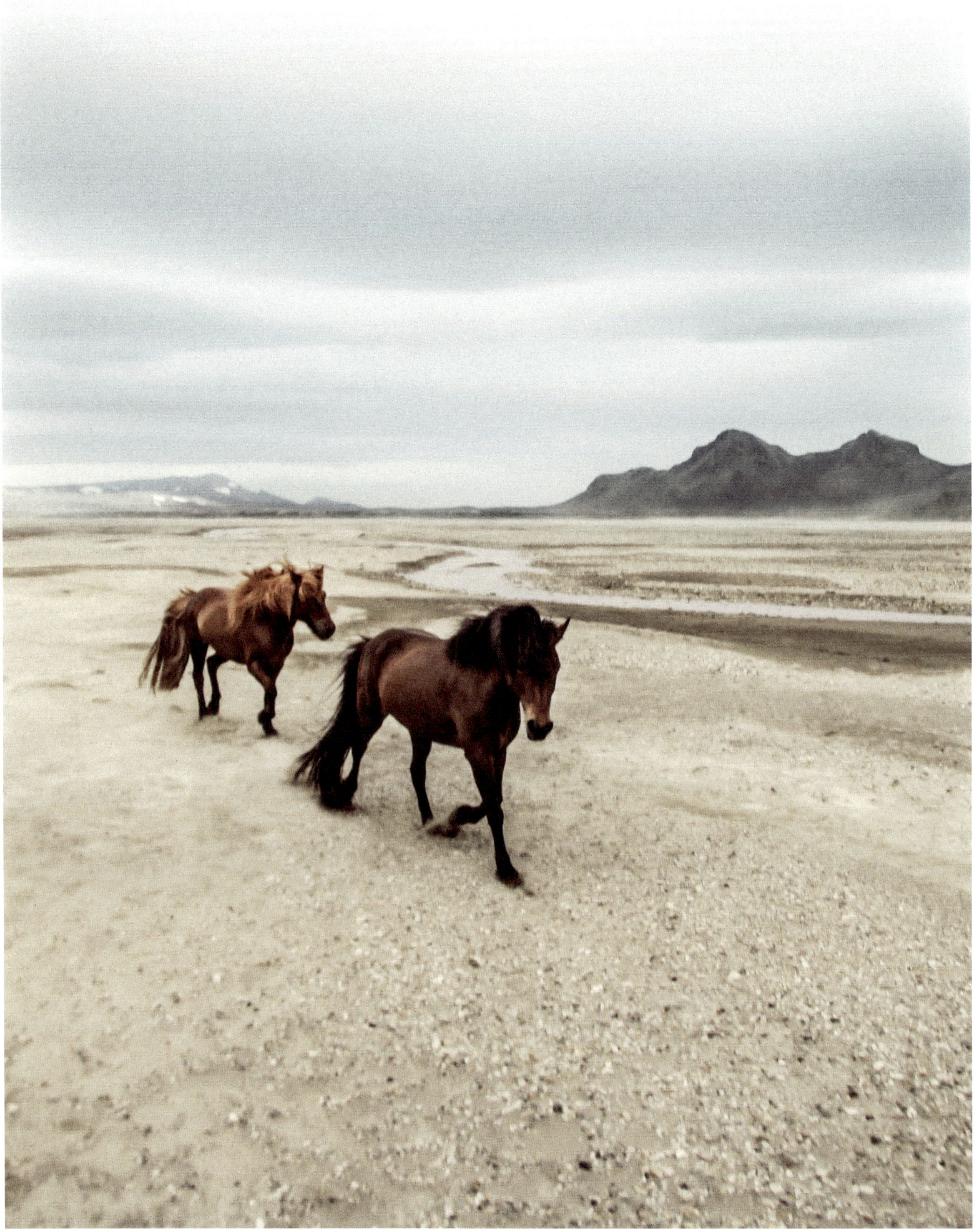

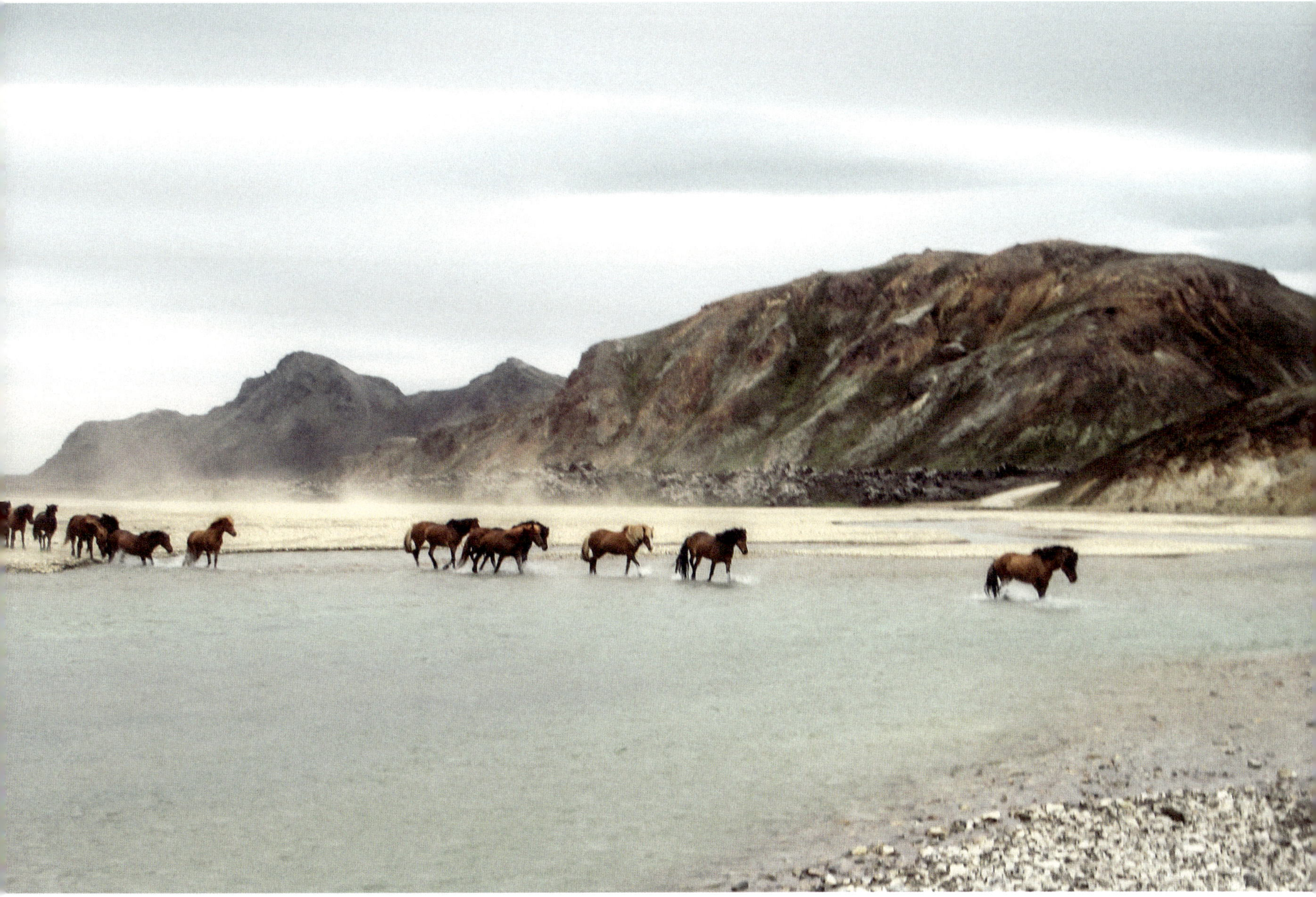

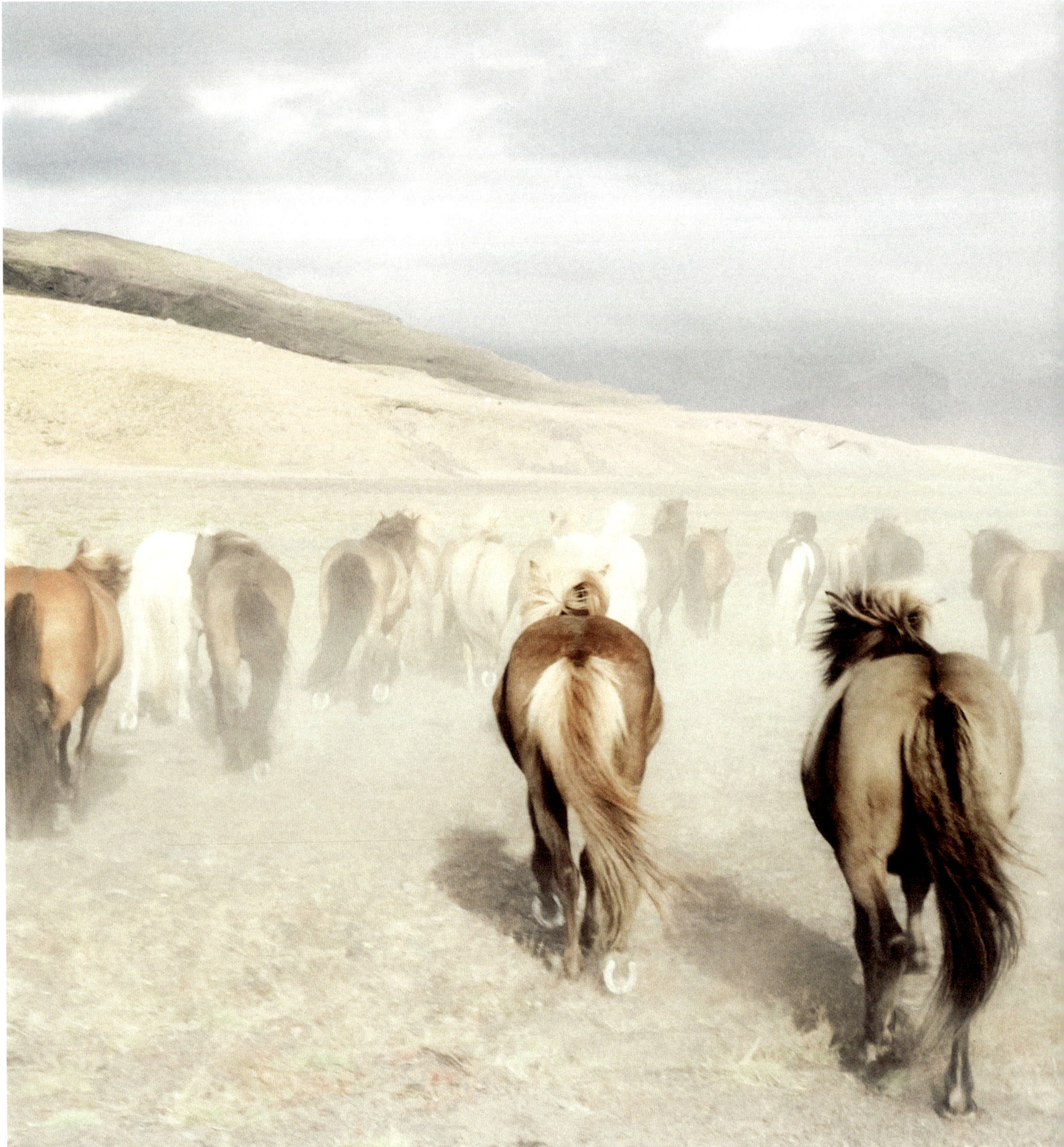

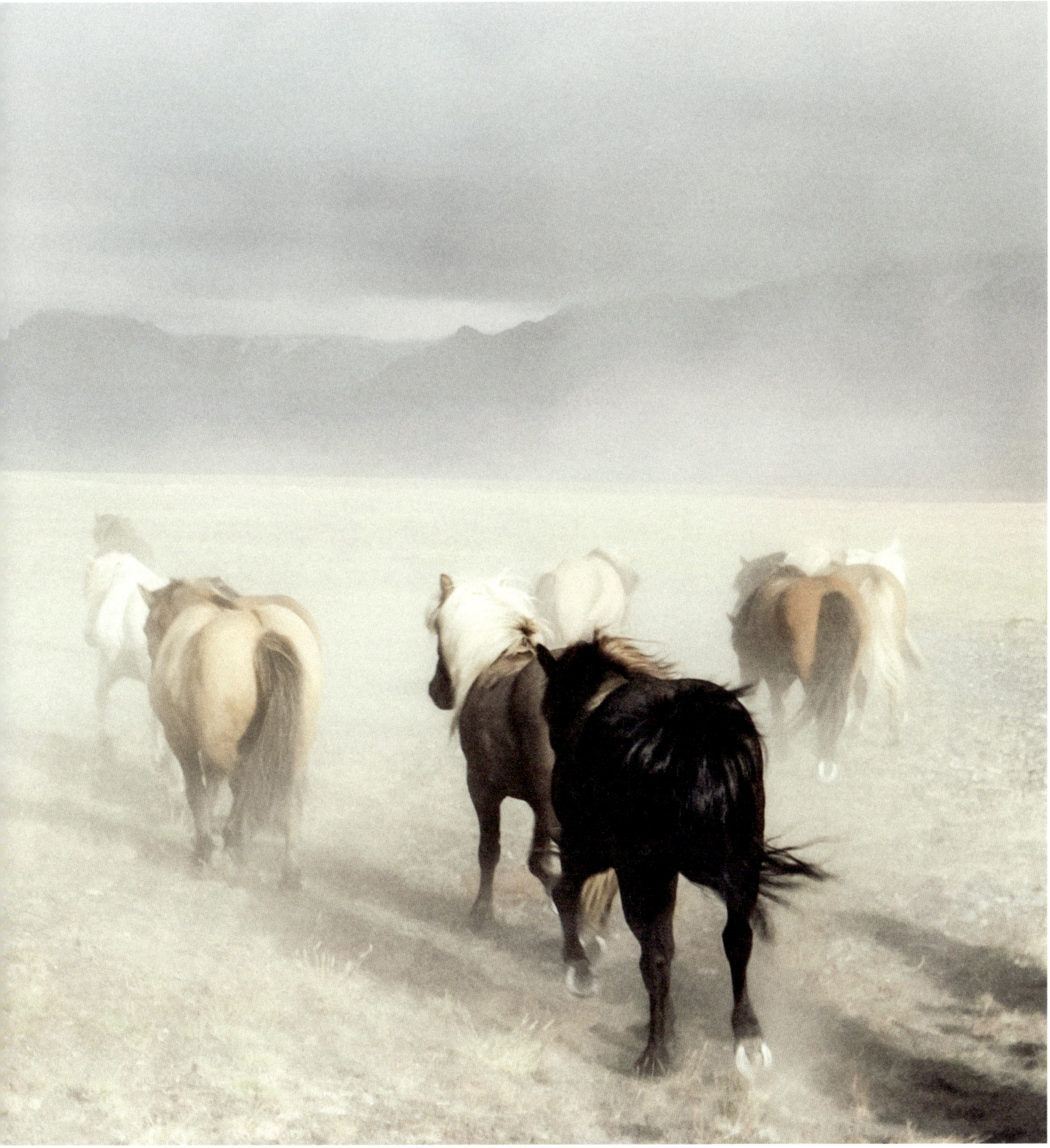

Hesturinn sem hleypur yfir jörð, himinn og haf

The horse that travels on the ground, through the sky and sea /*Goddess Gná's horse Hófvarpnir*

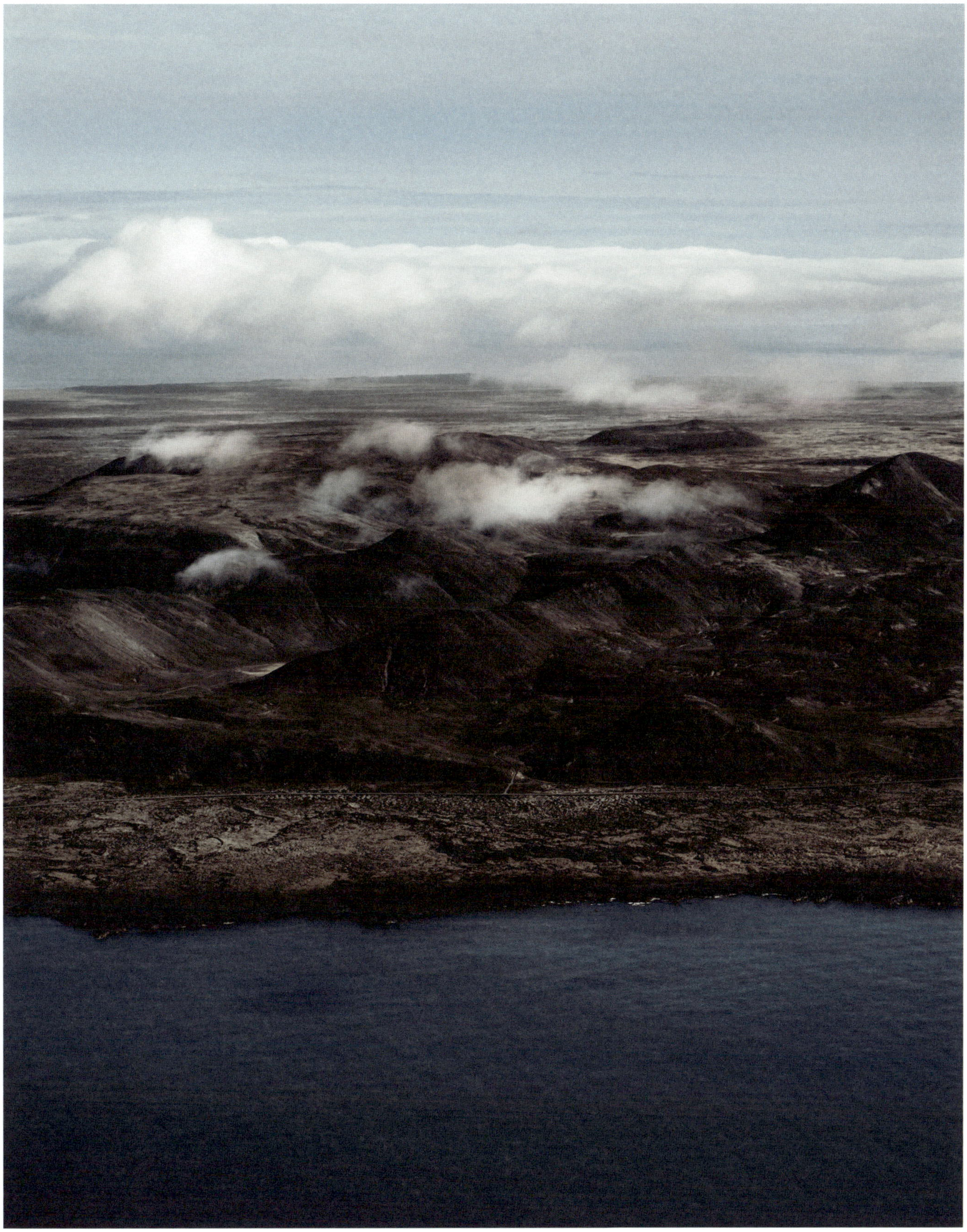

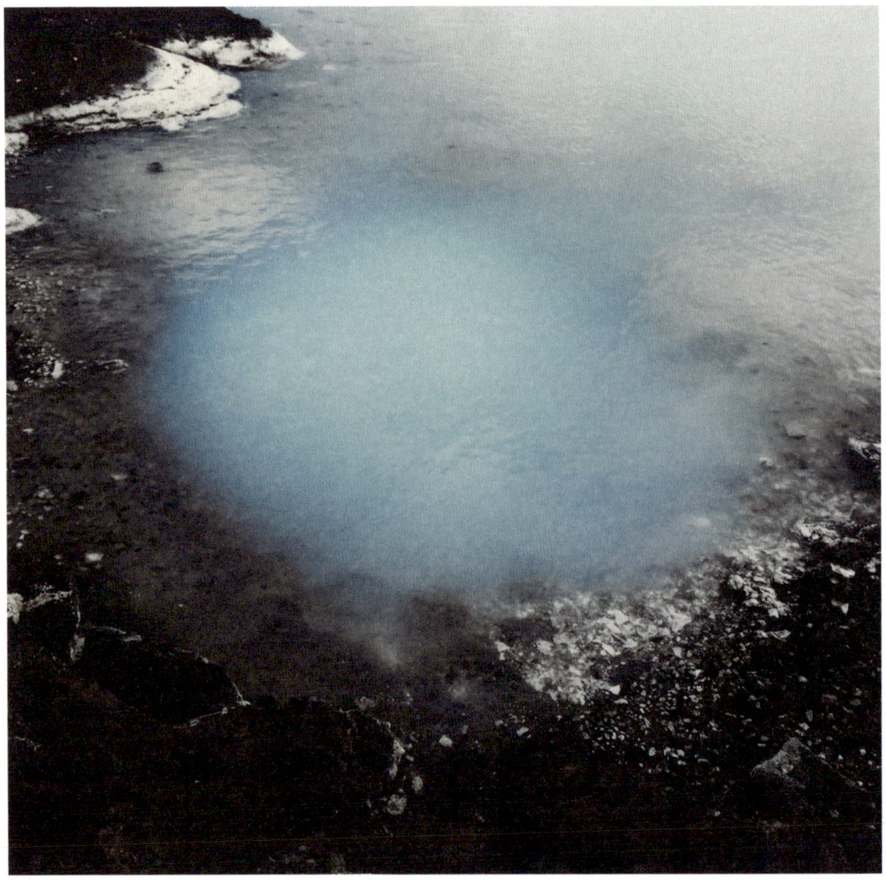

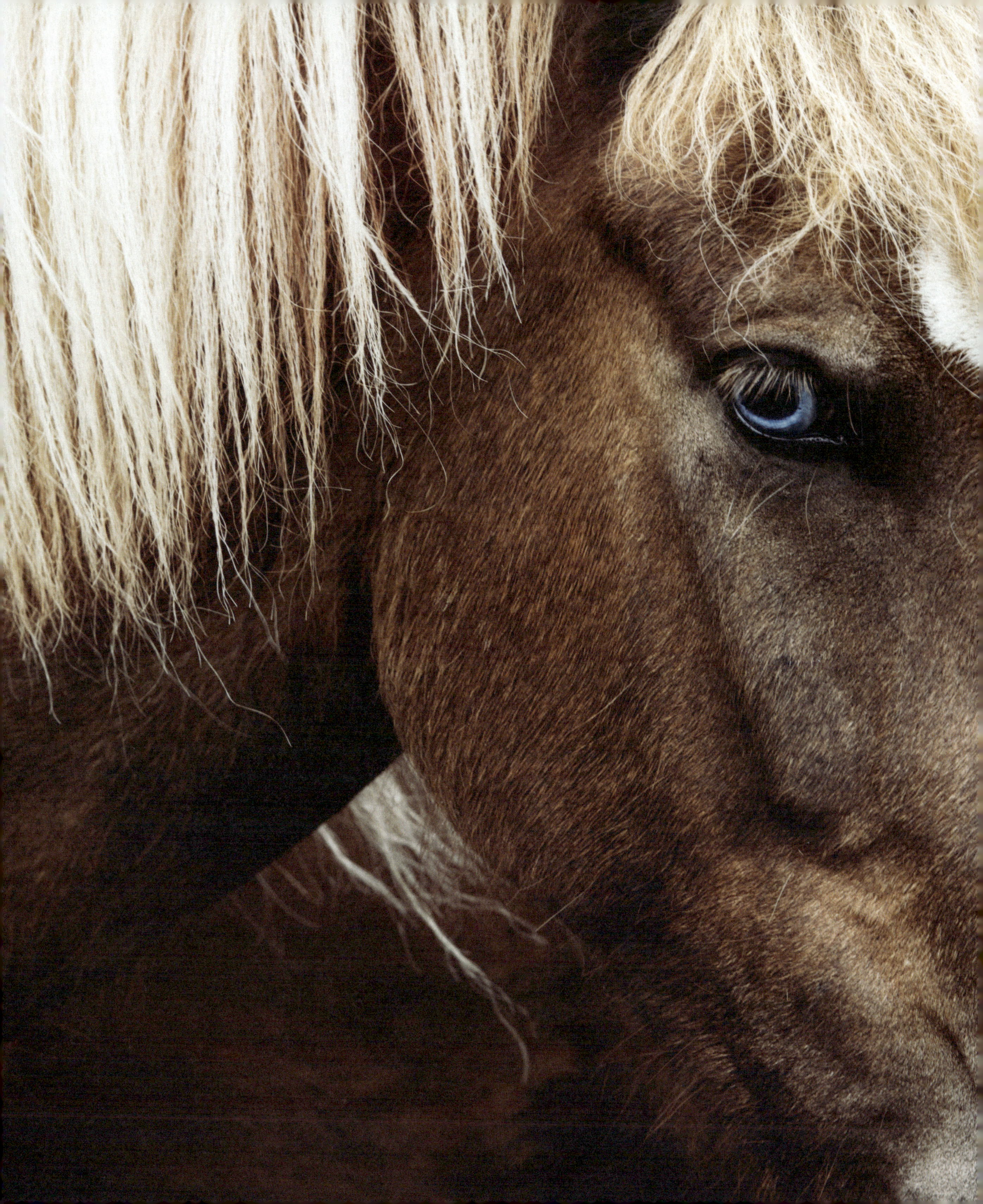

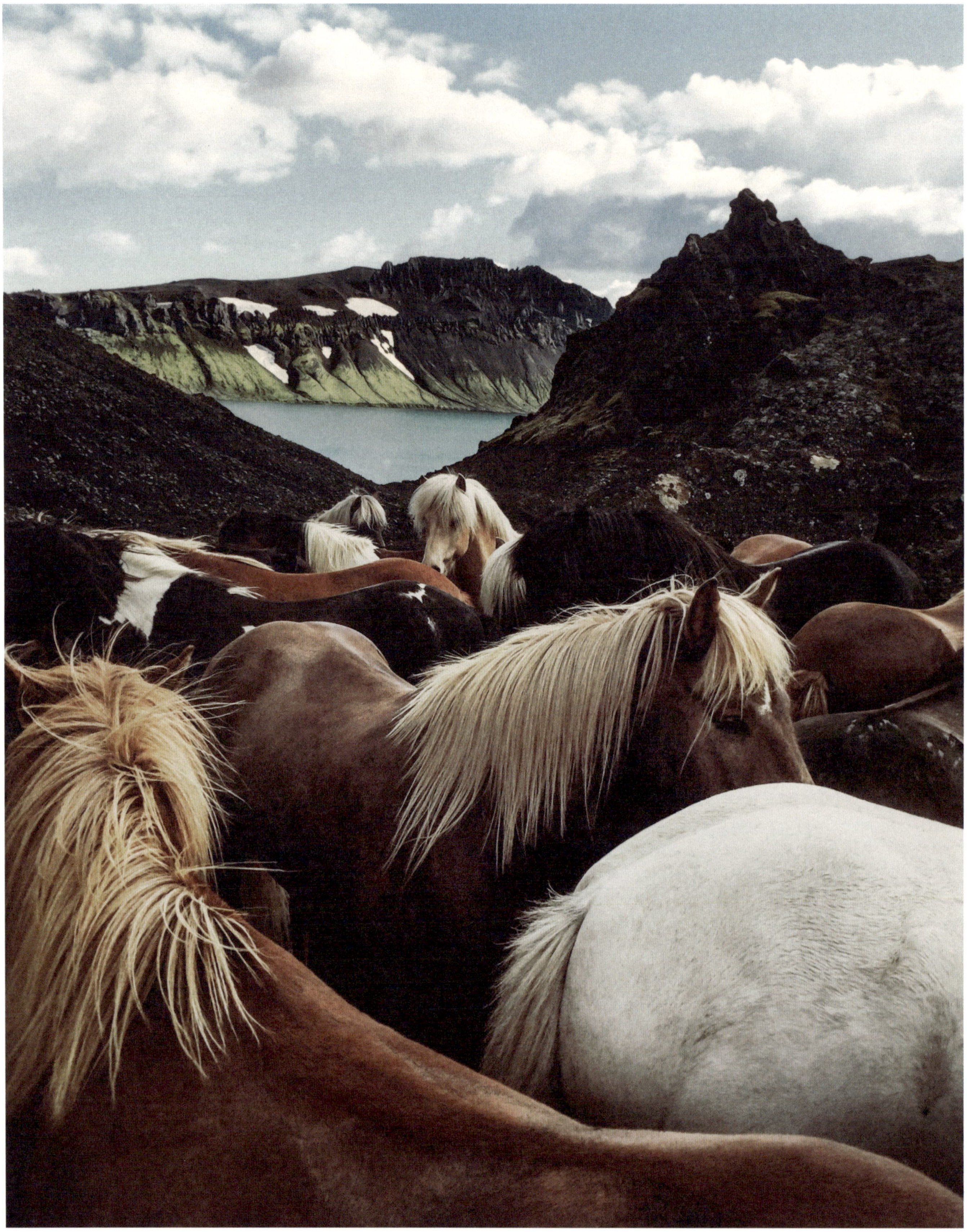

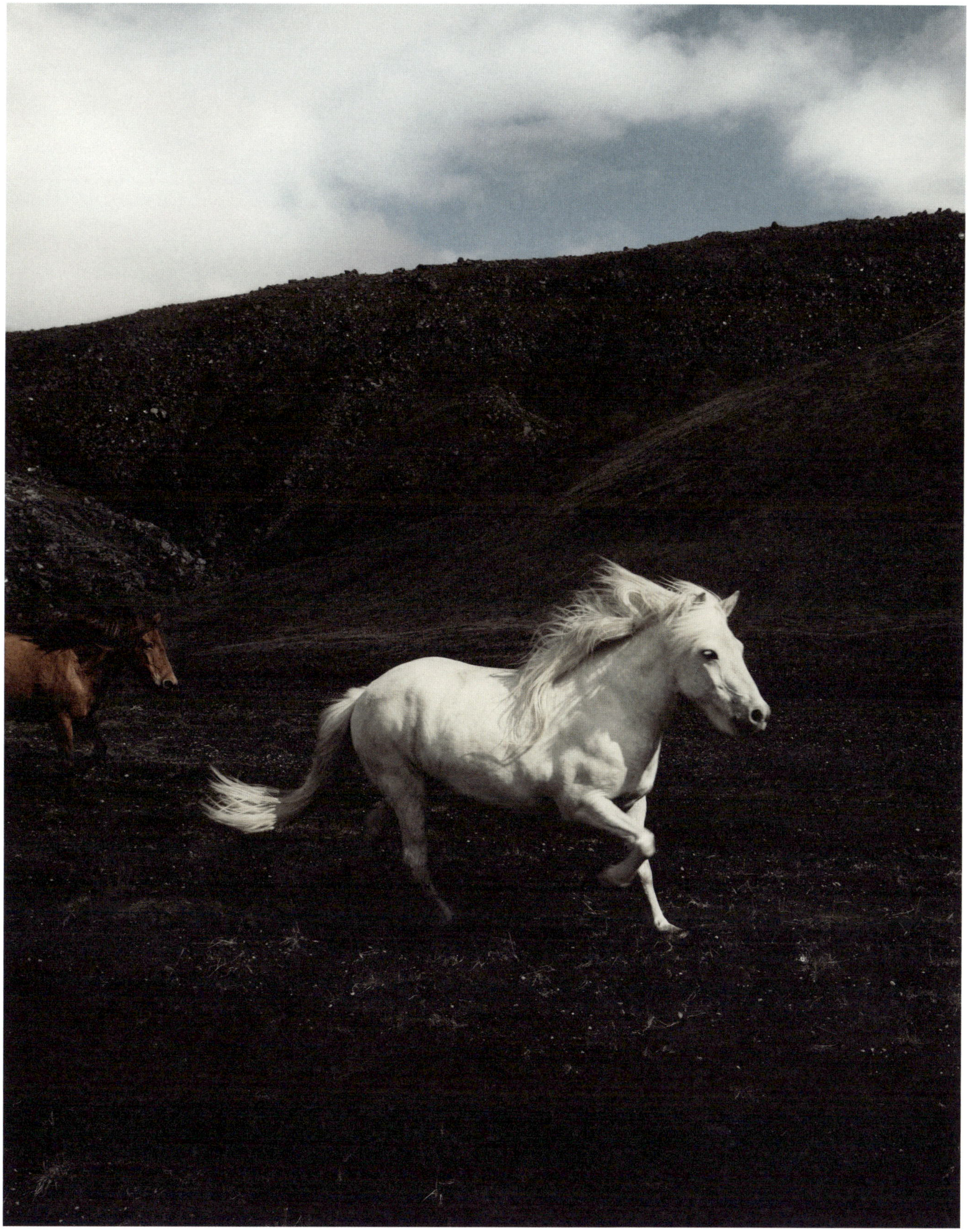

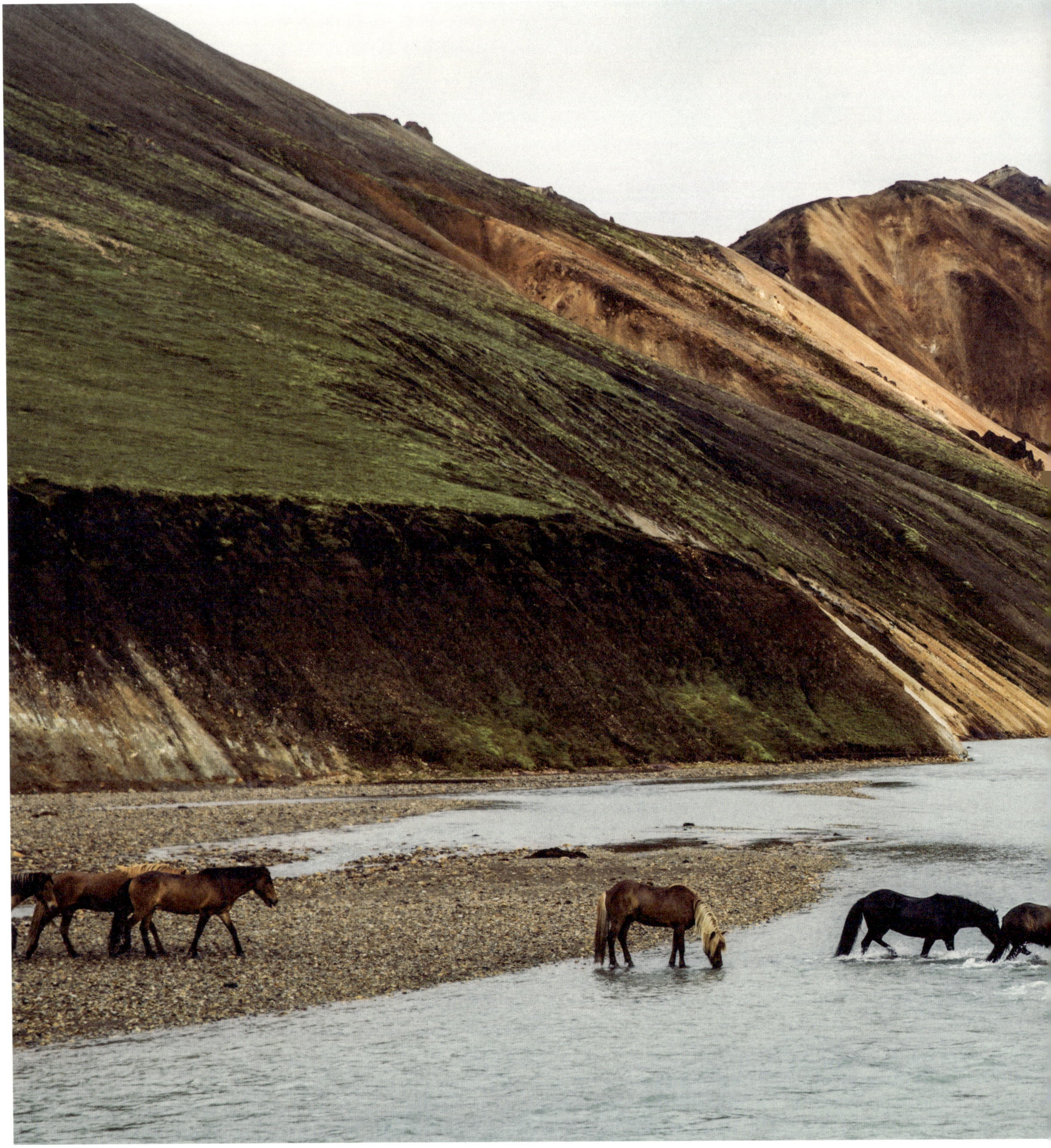

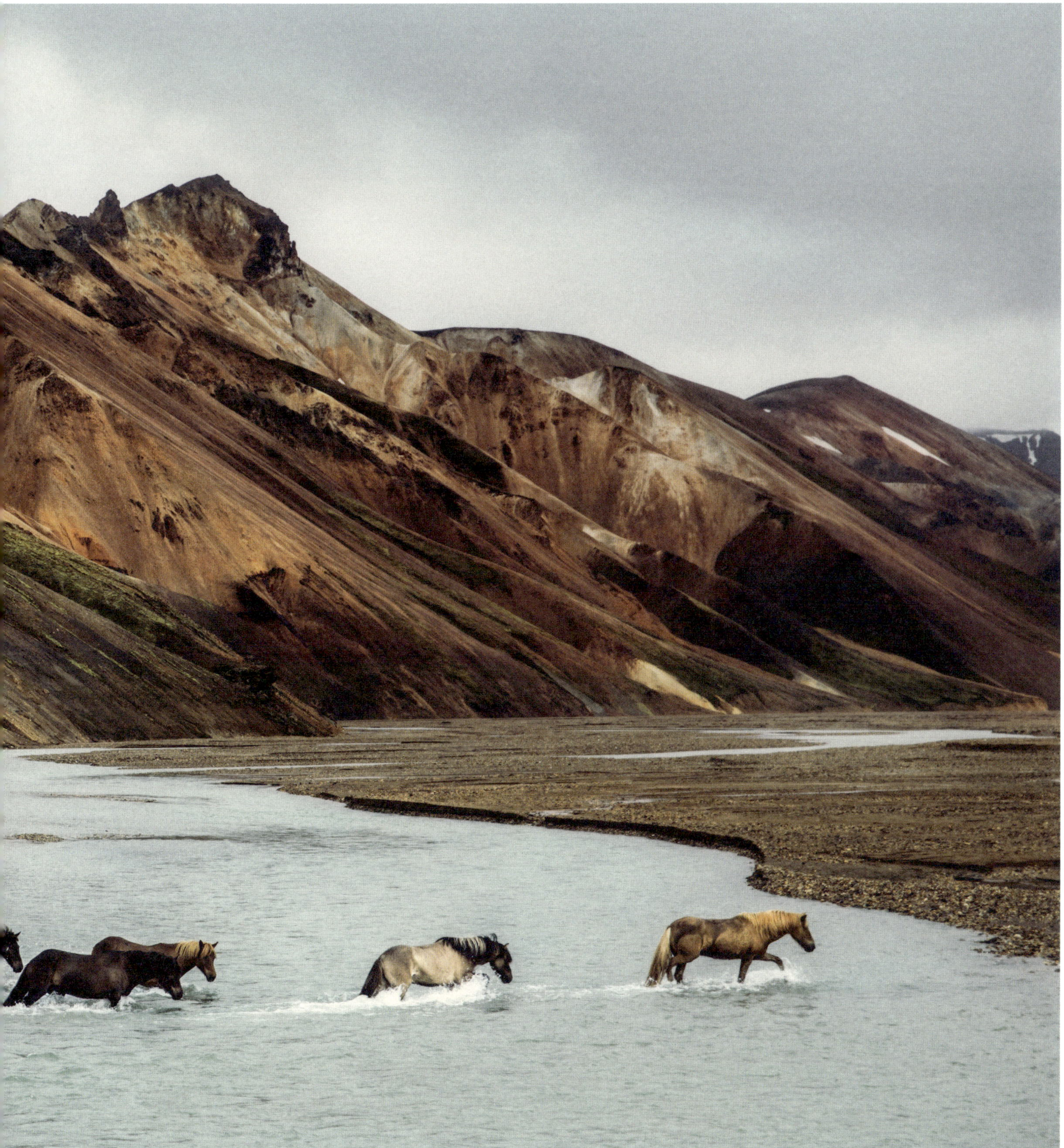

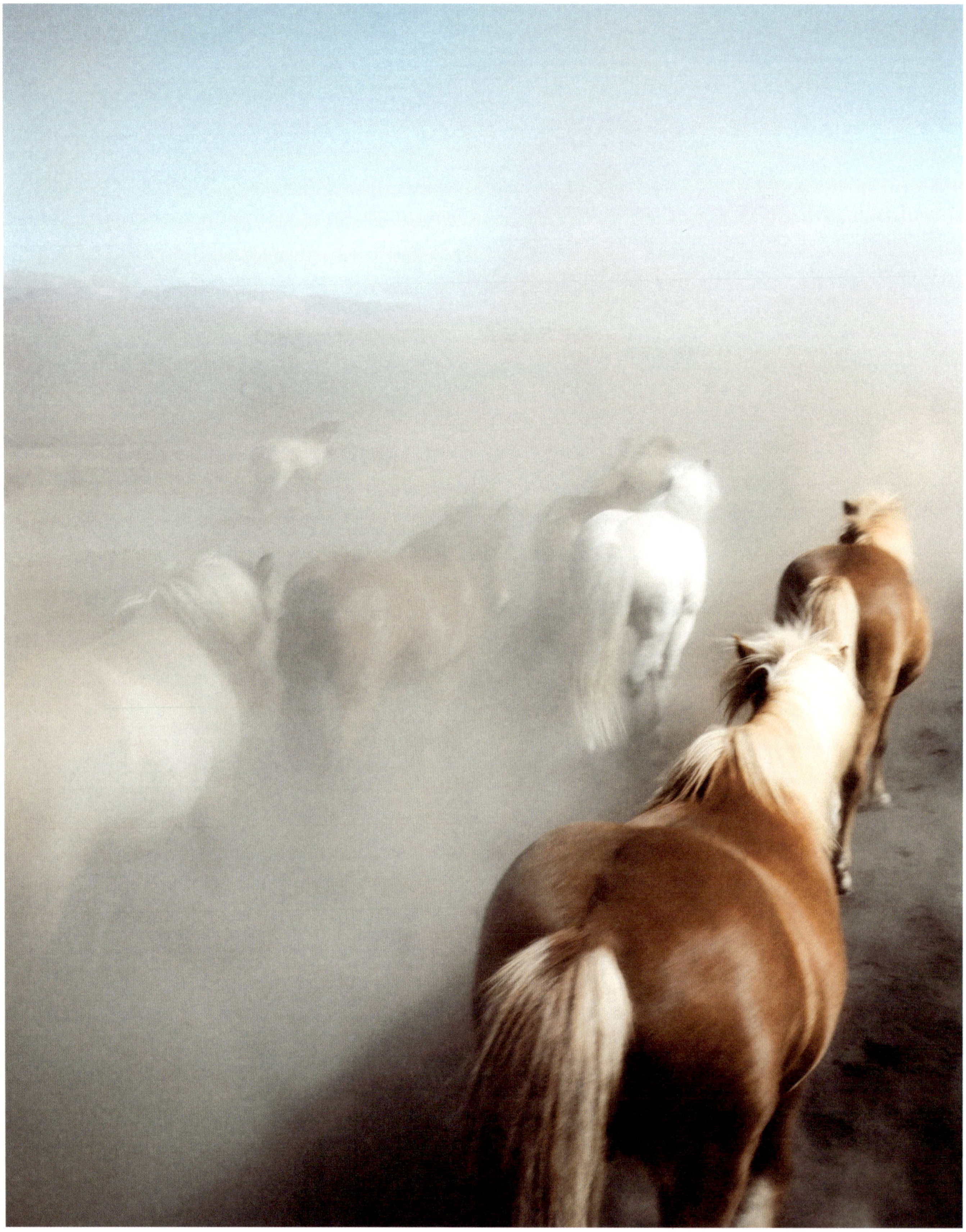

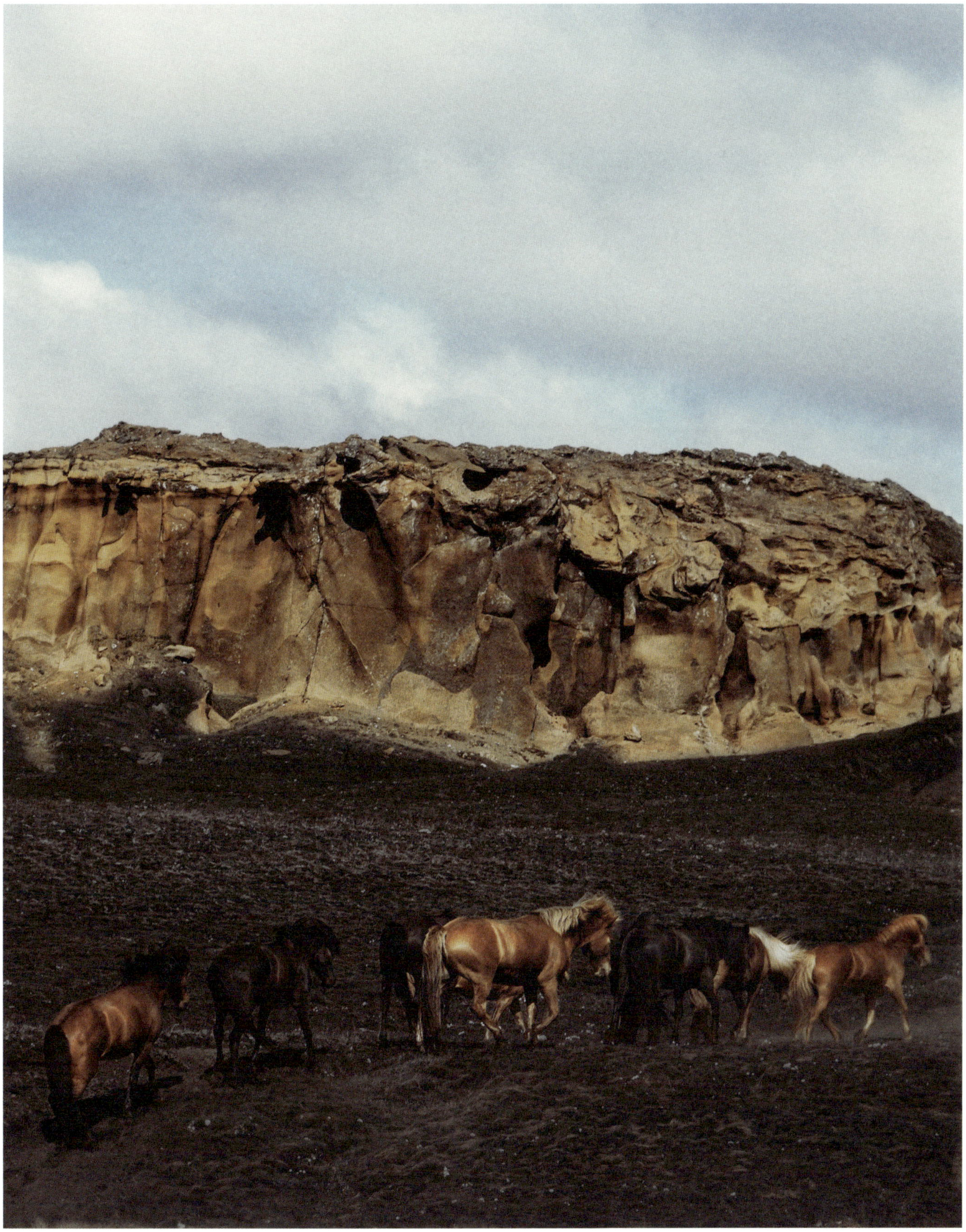

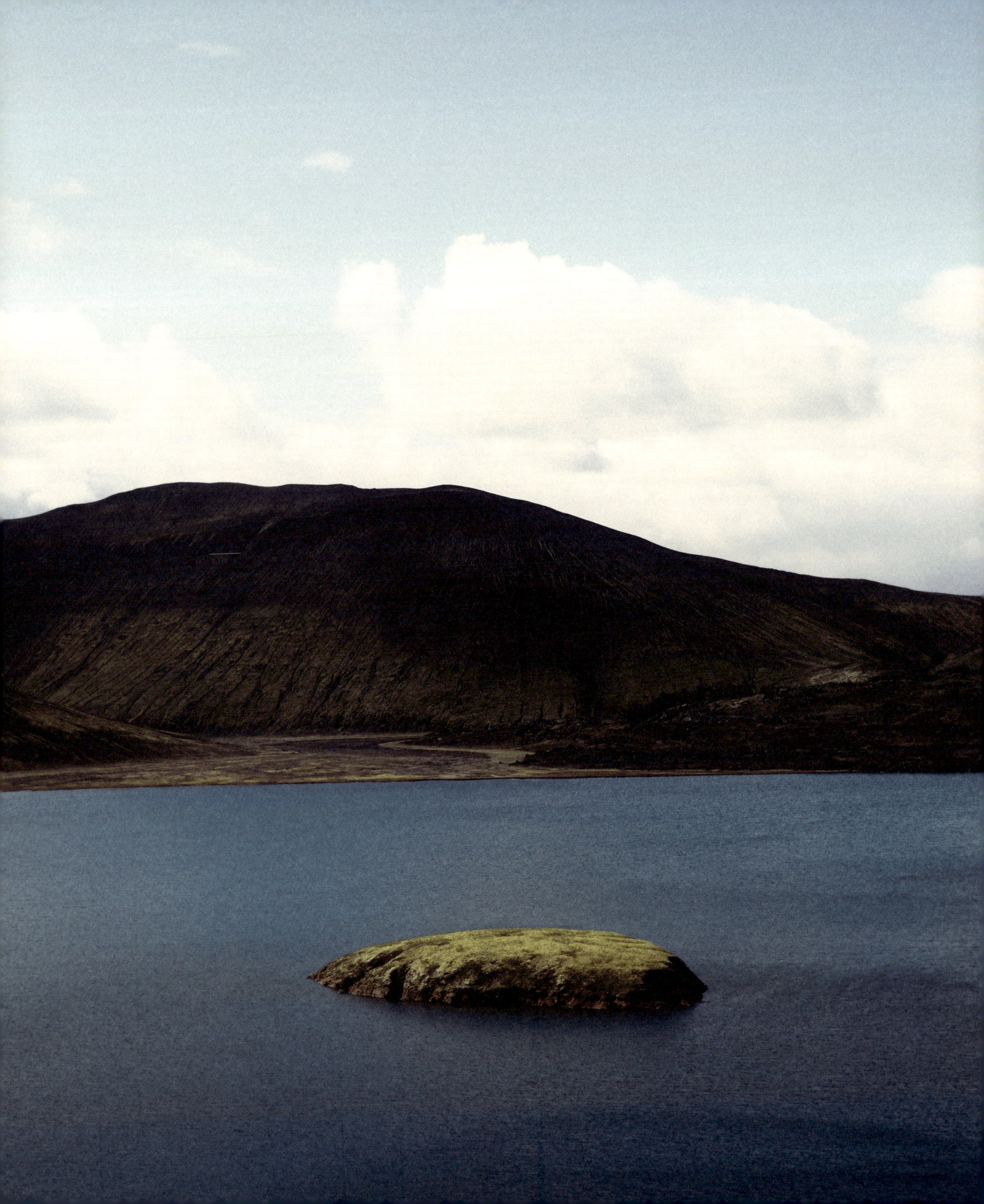

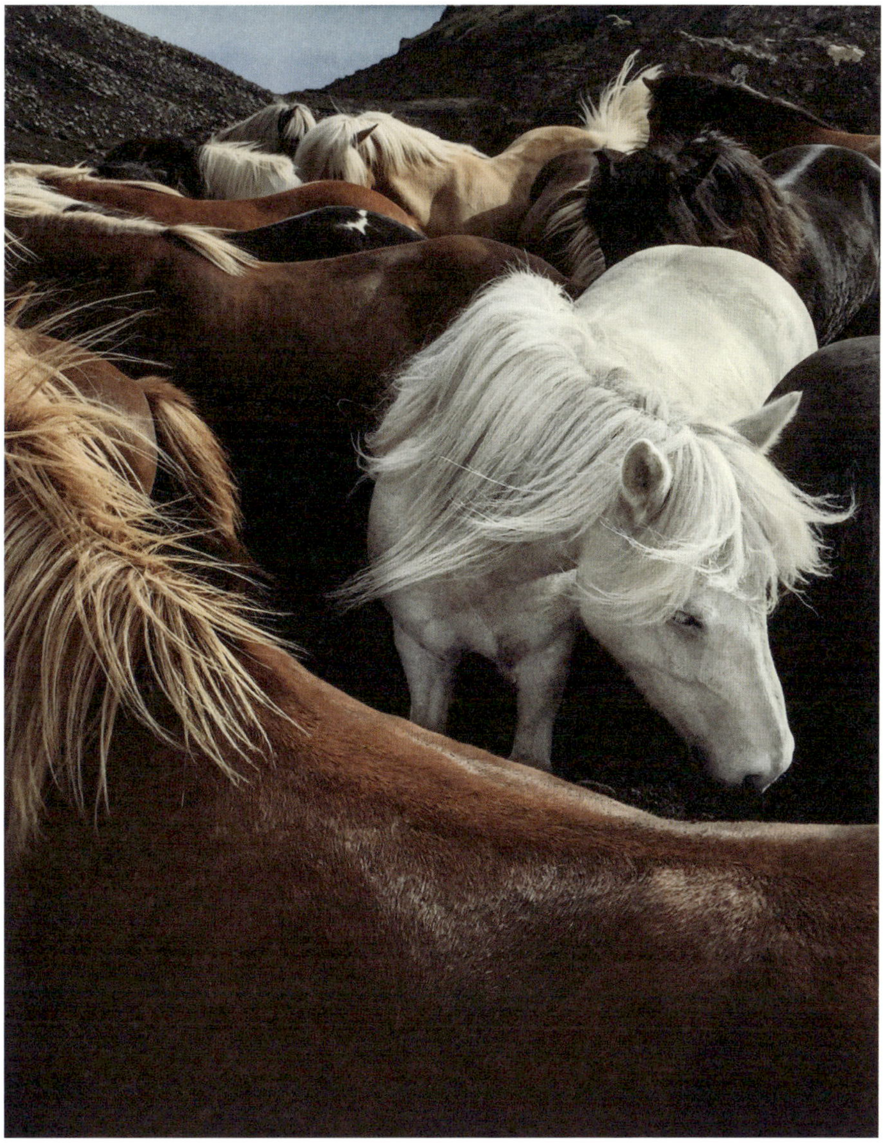

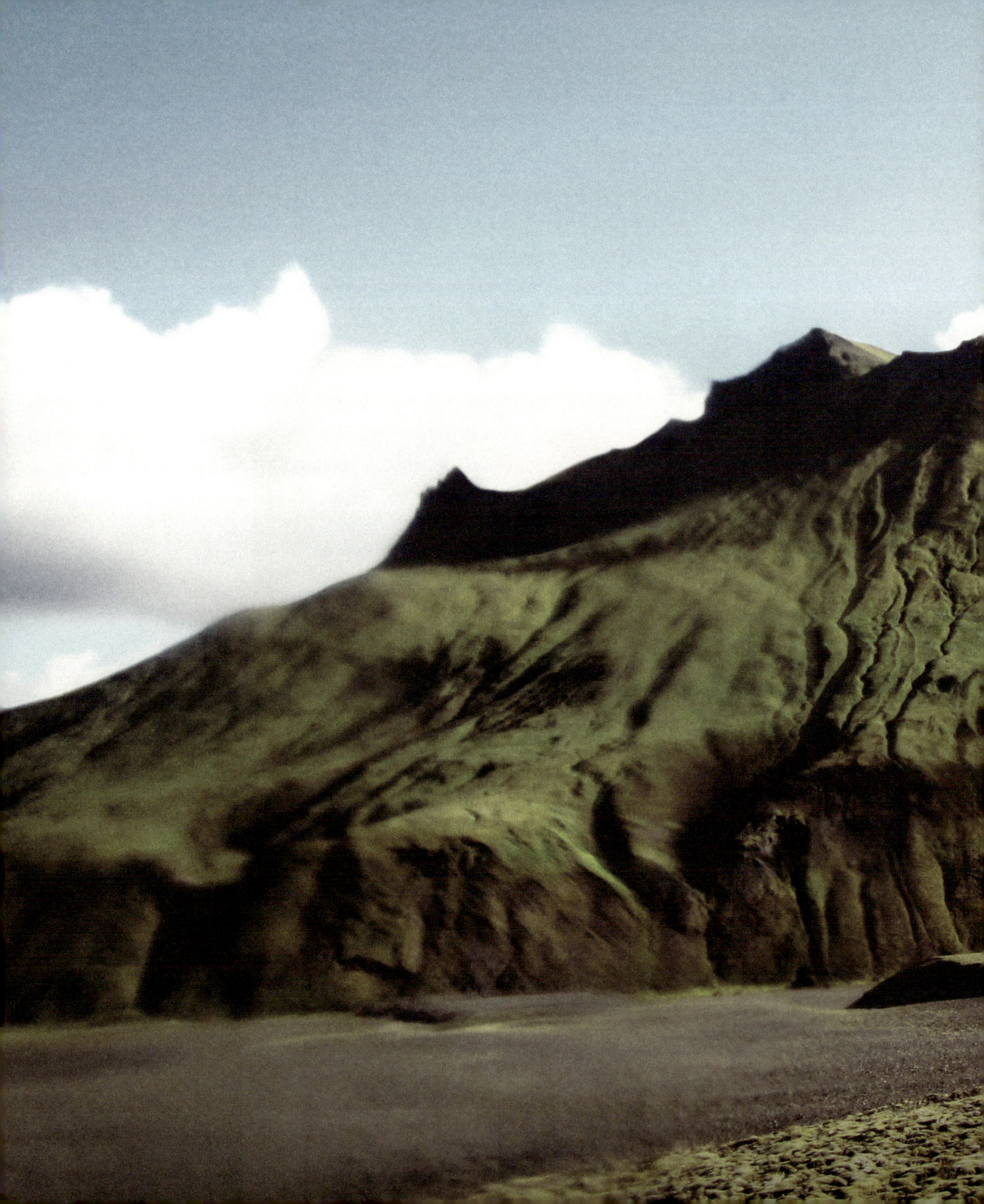

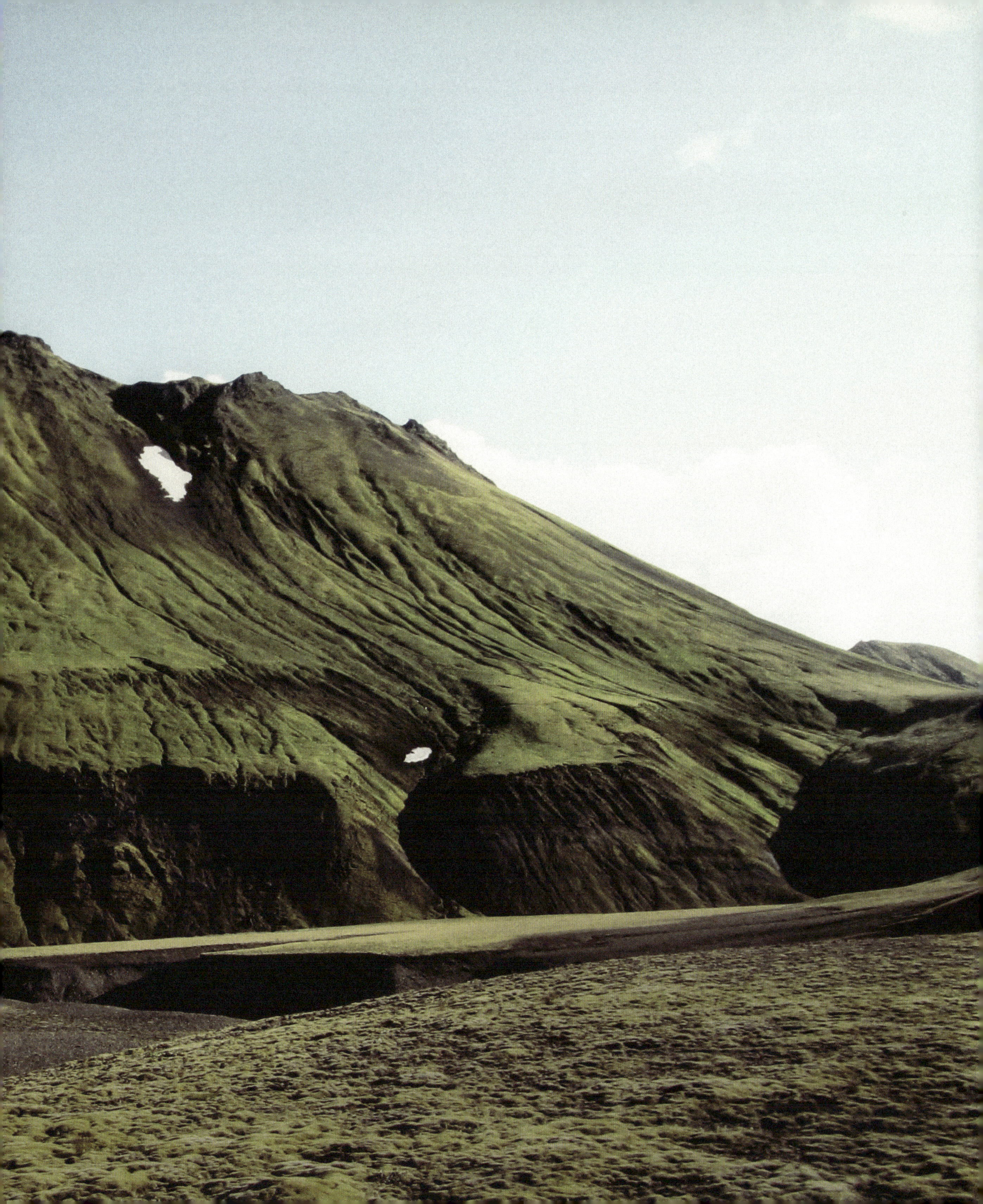

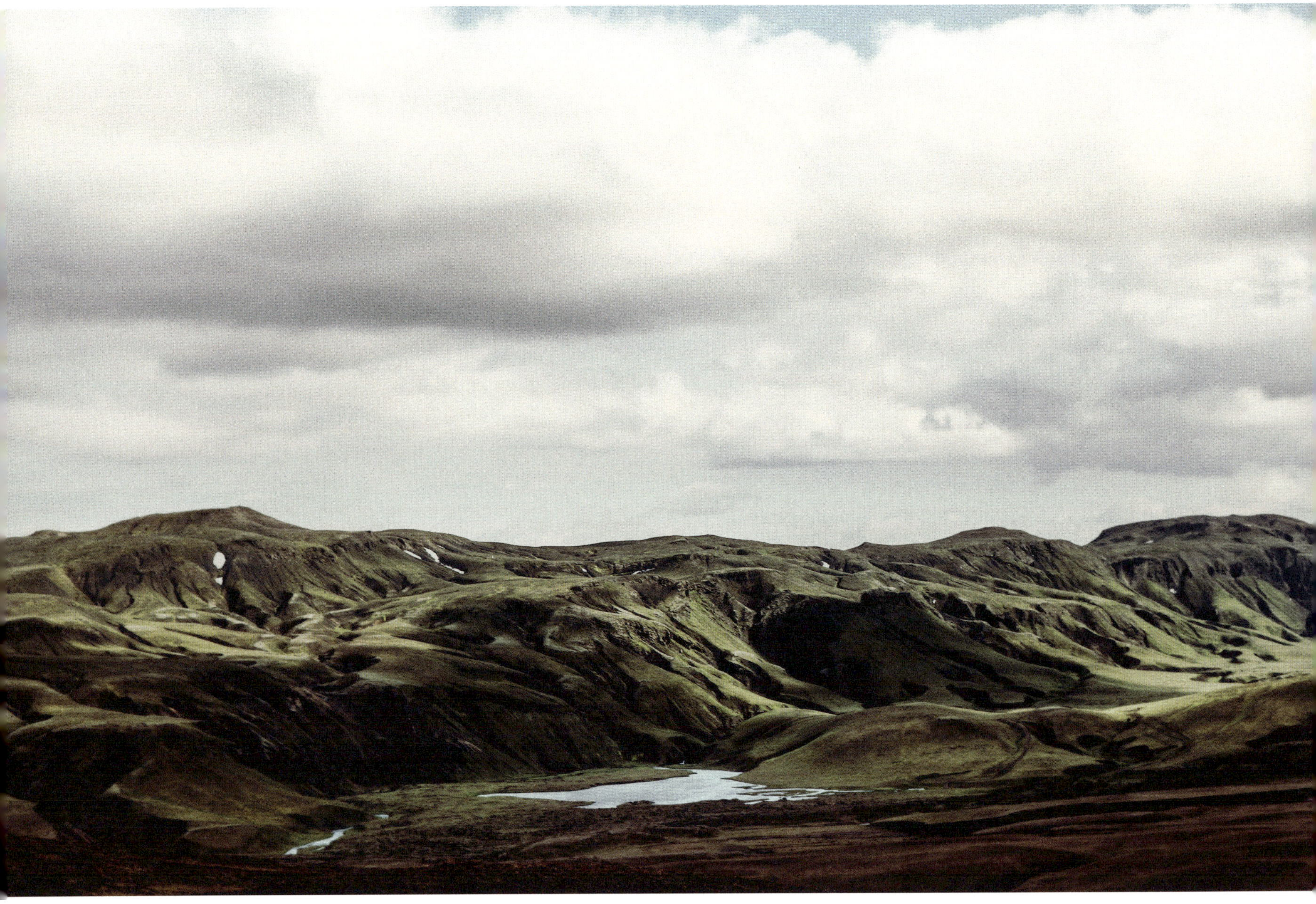

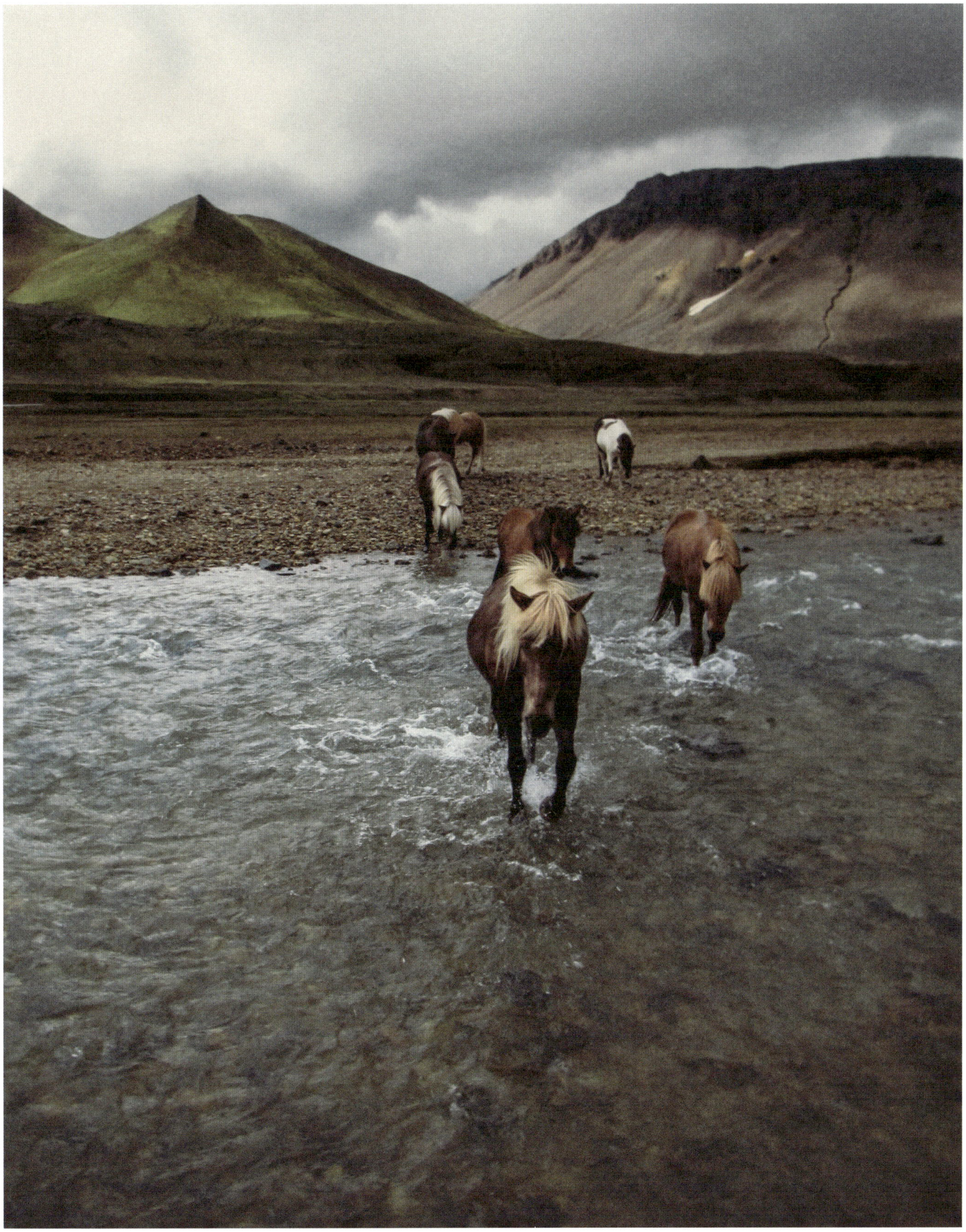

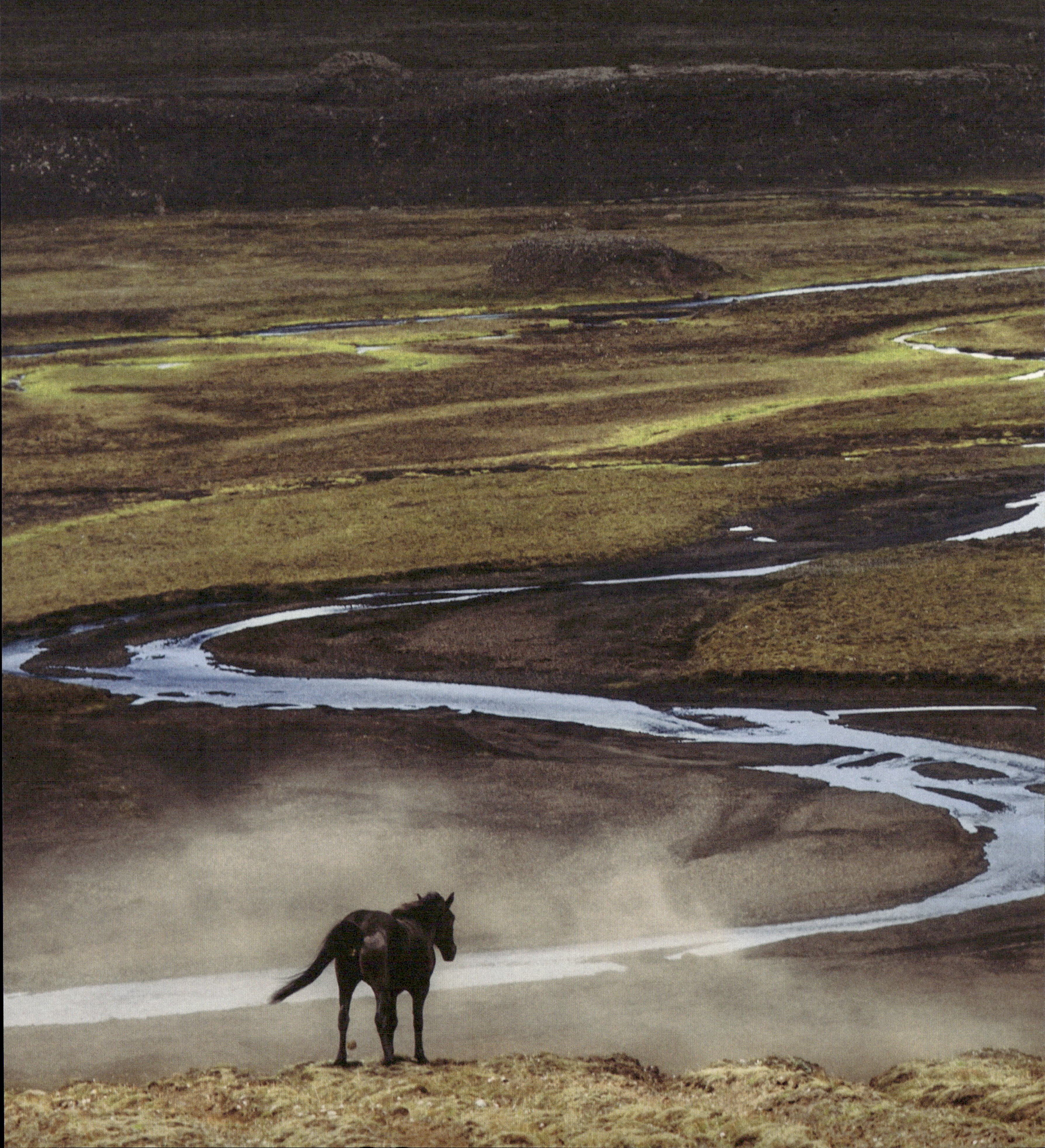

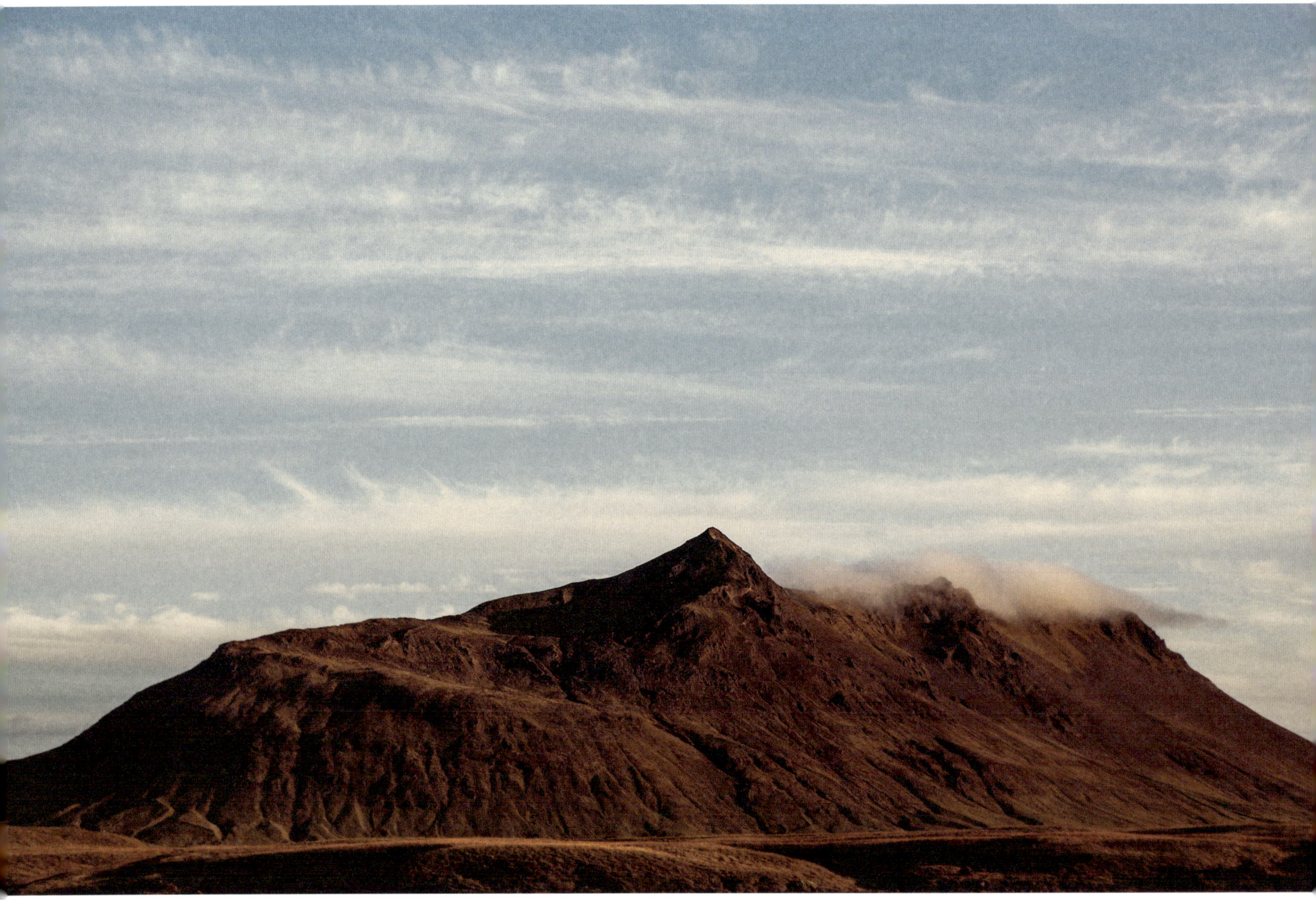

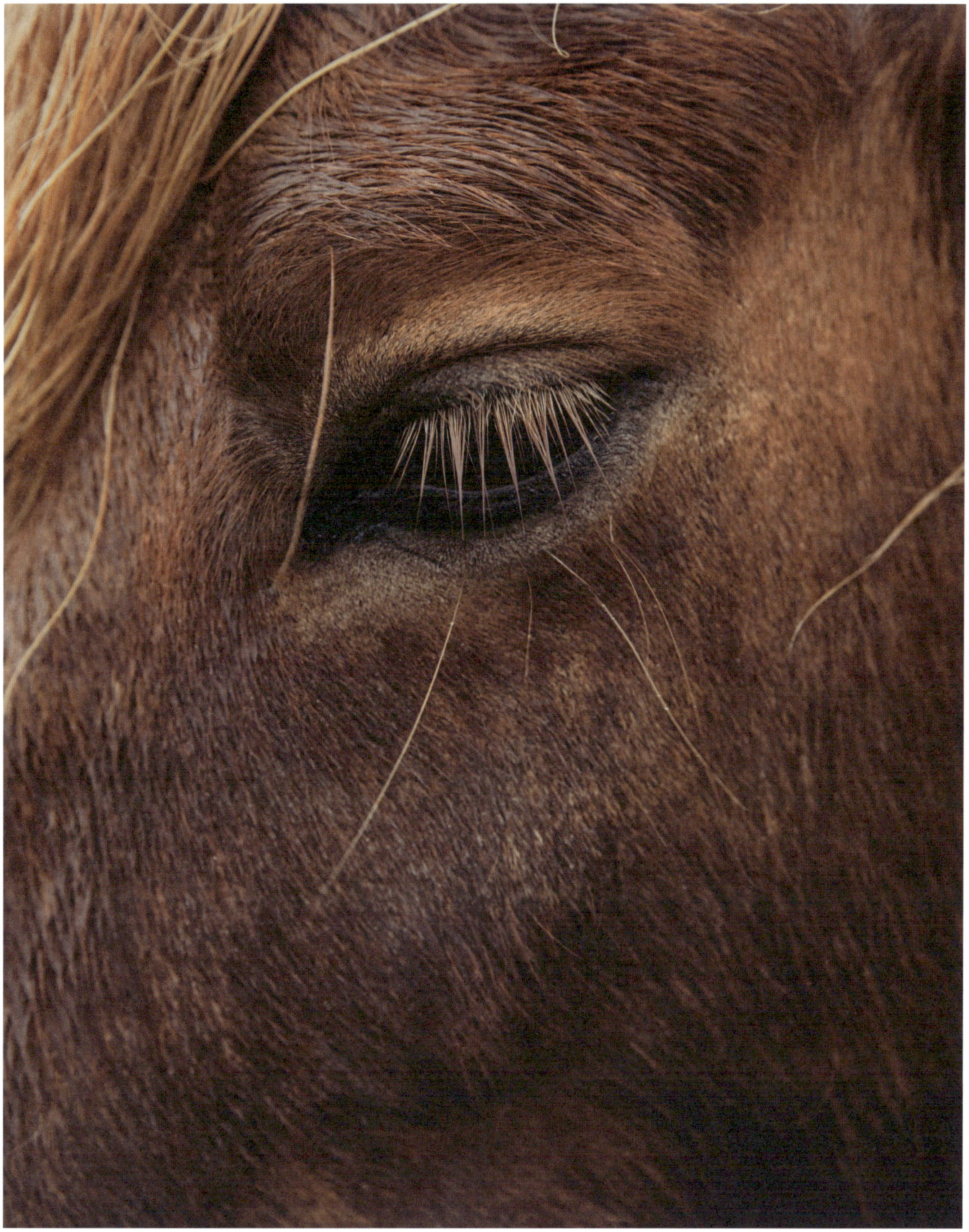

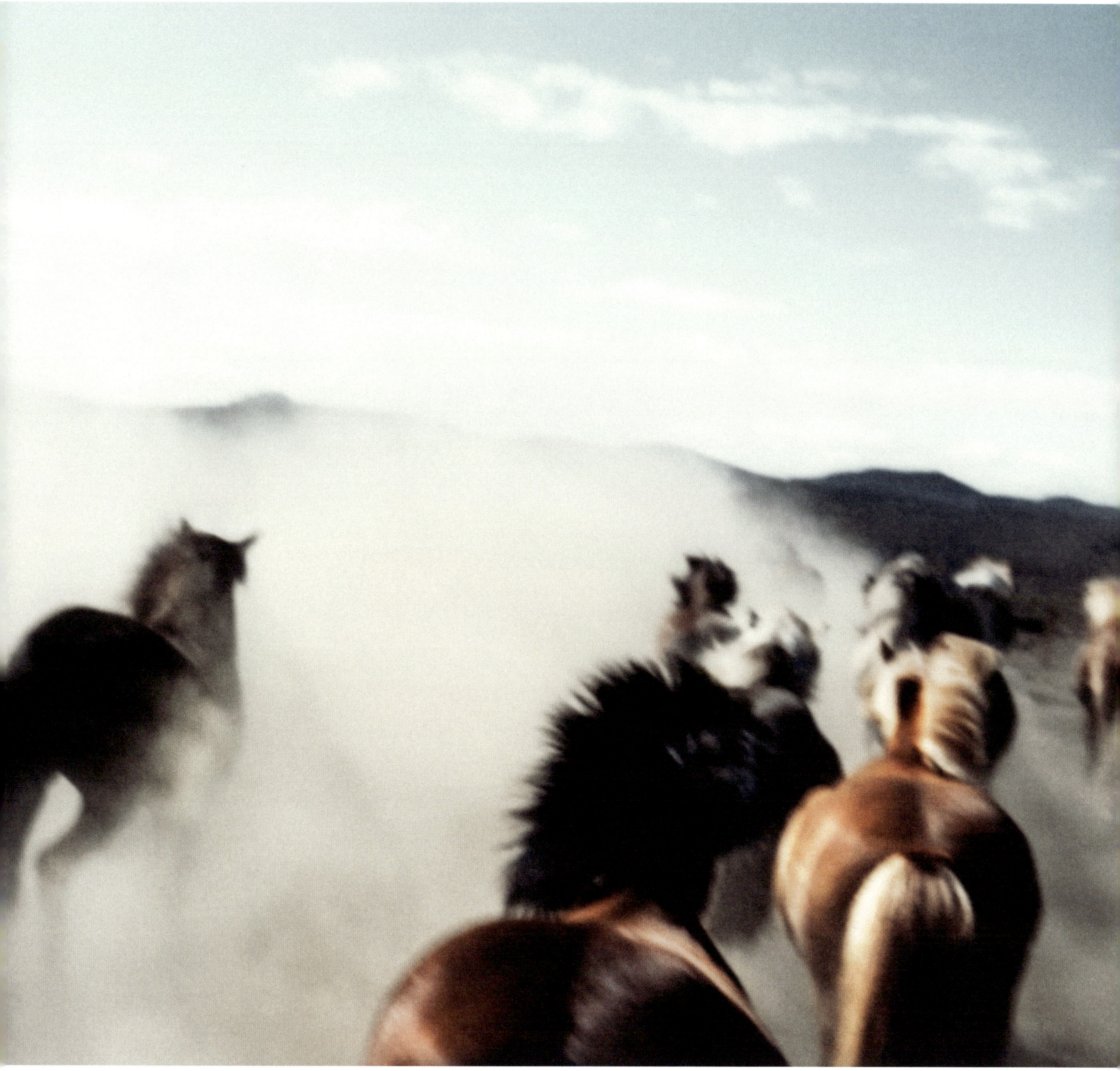

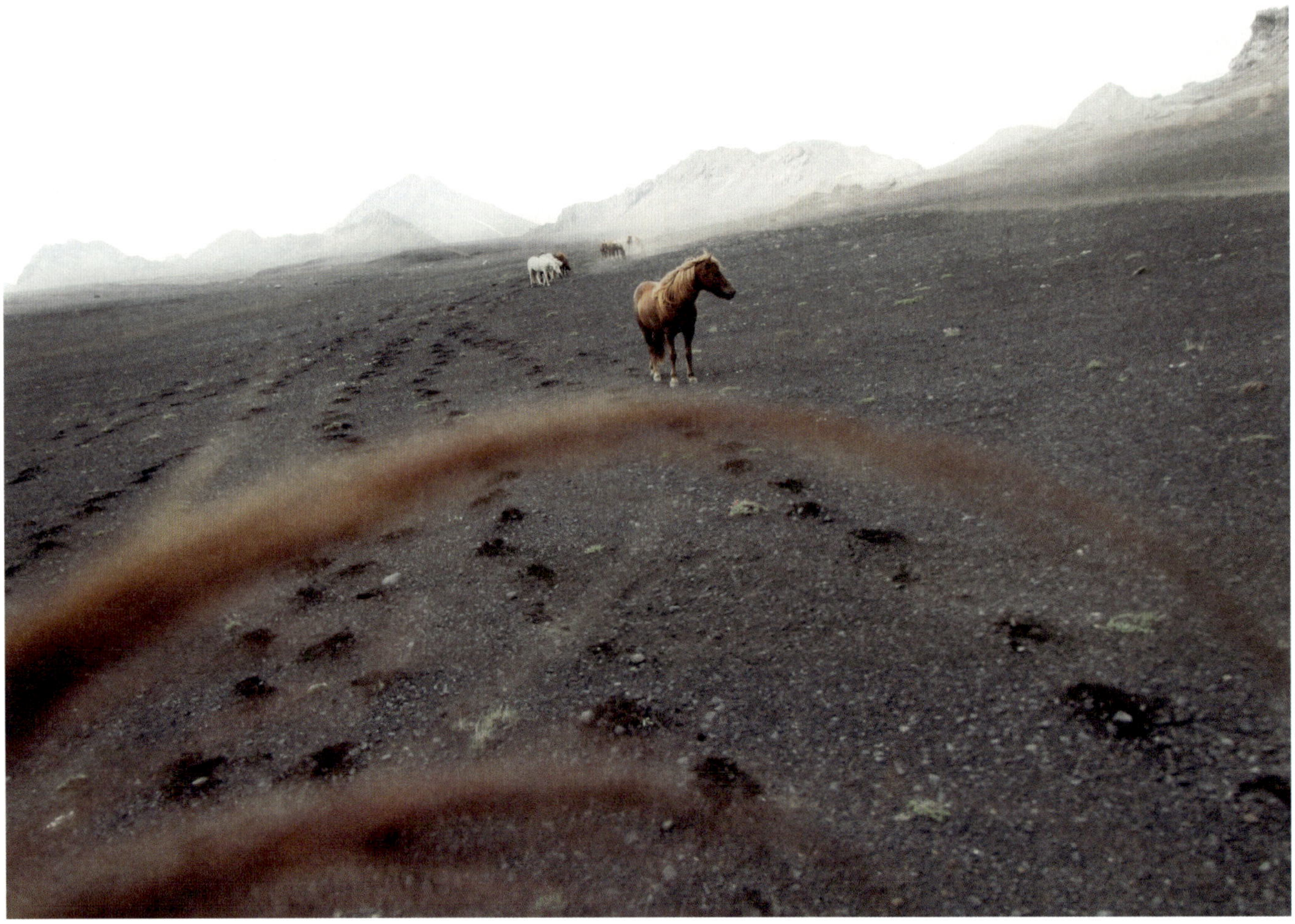

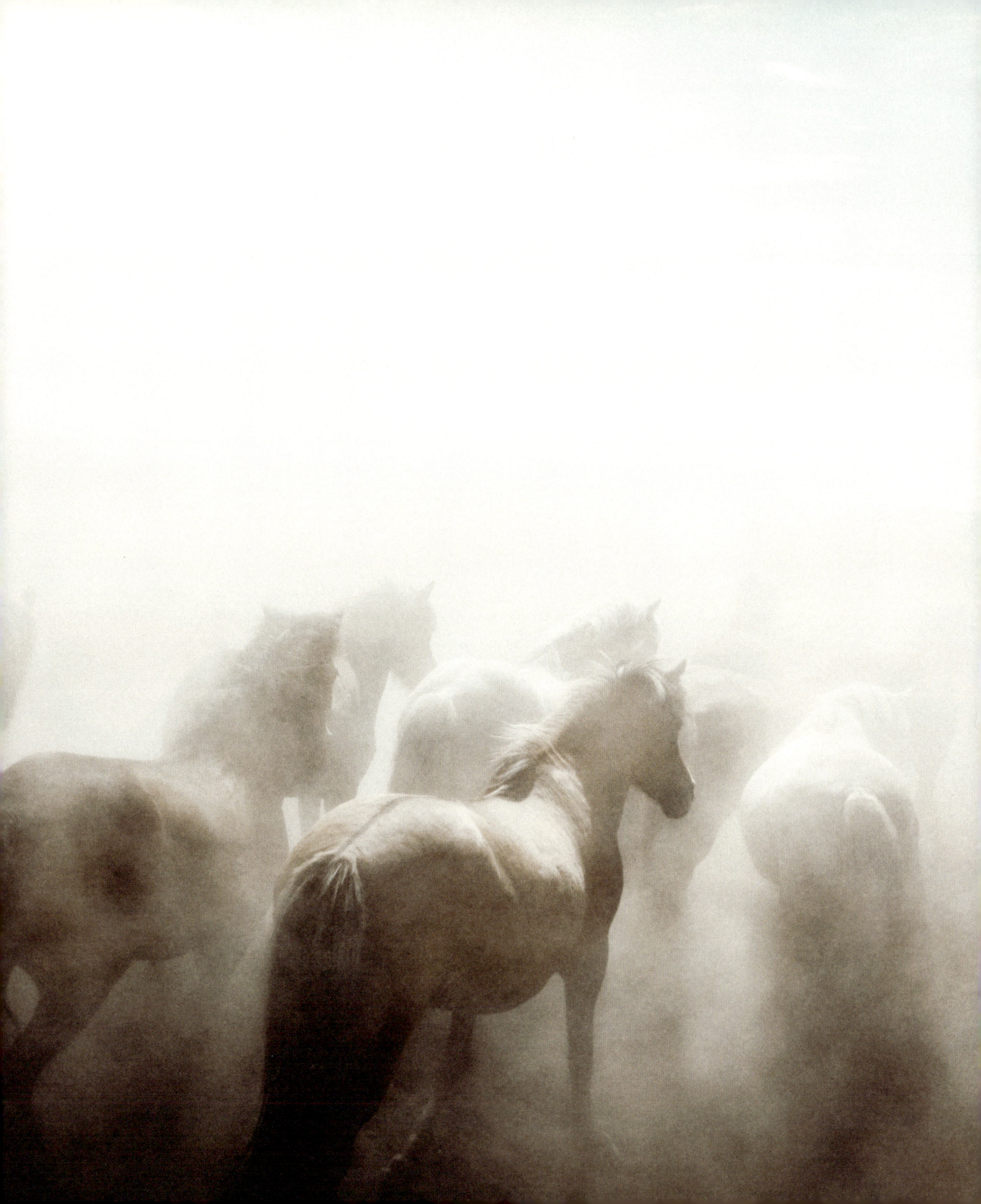

Hesturinn með skínandi faxið sem hleypur hring um himininn til að viðhalda hrynjanda dagsins

The horse with the shining mane that gallops a lap across the sky so that the rhythm of the day is preserved /*God Dagur's horse Skinfaxi*

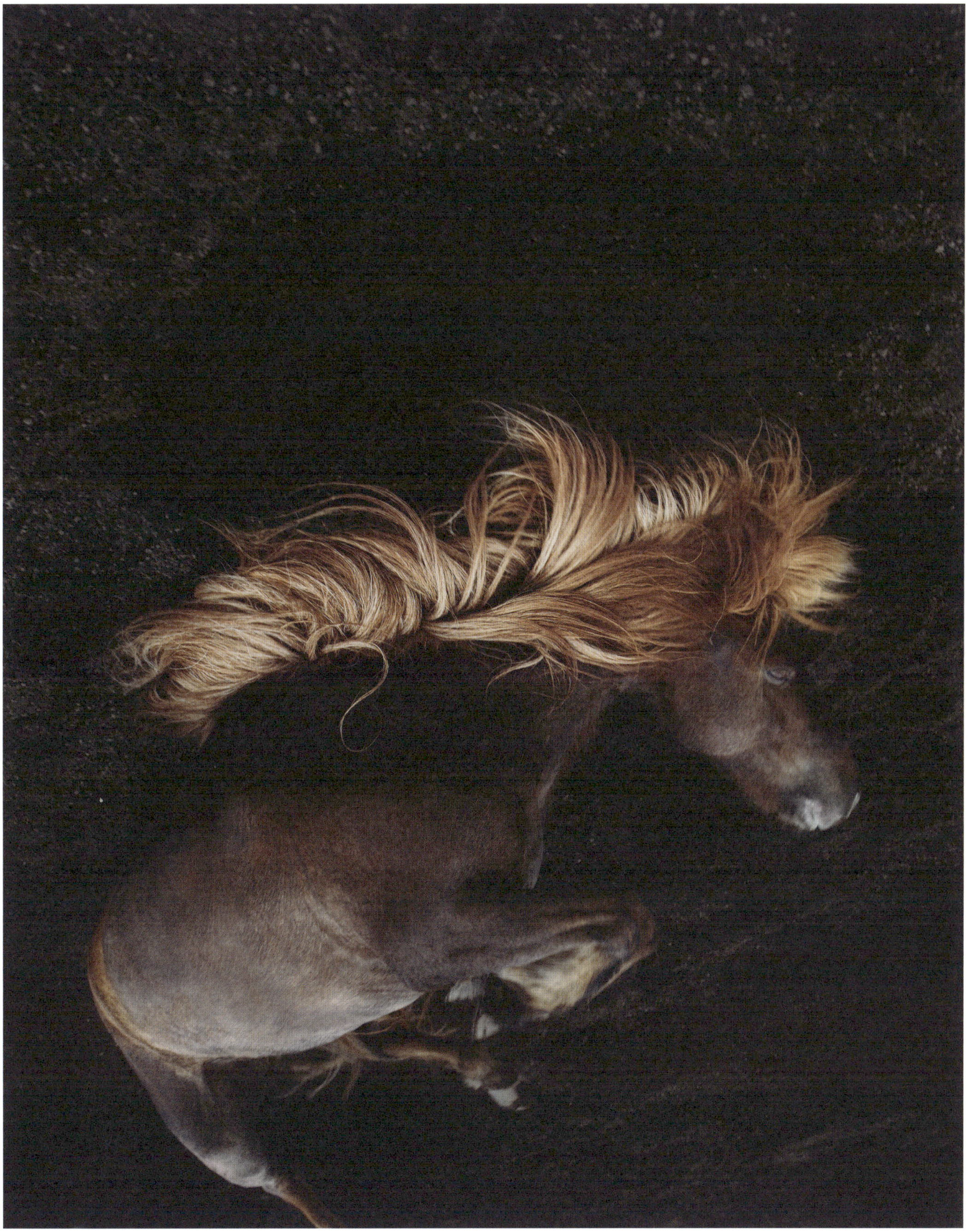

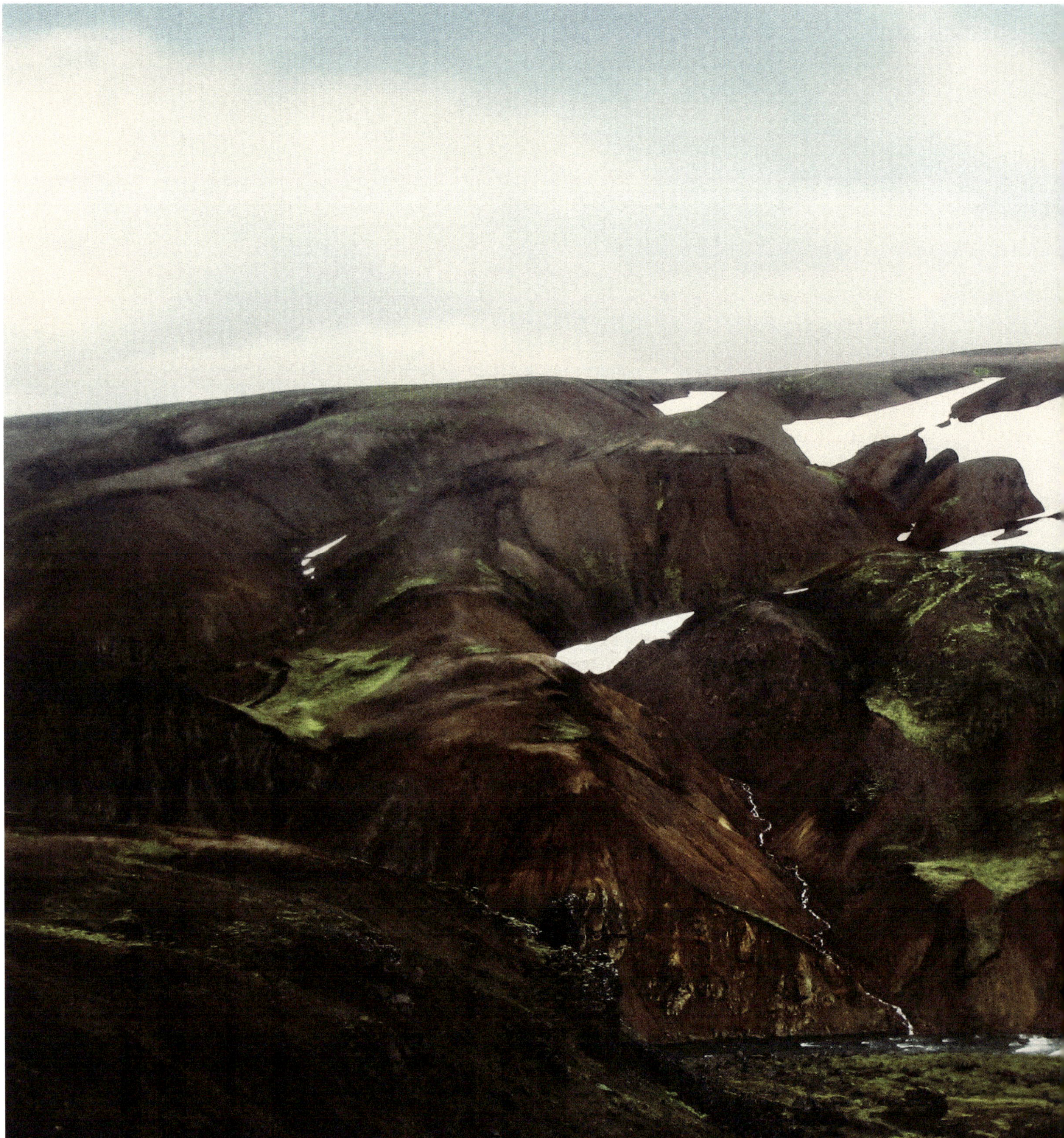

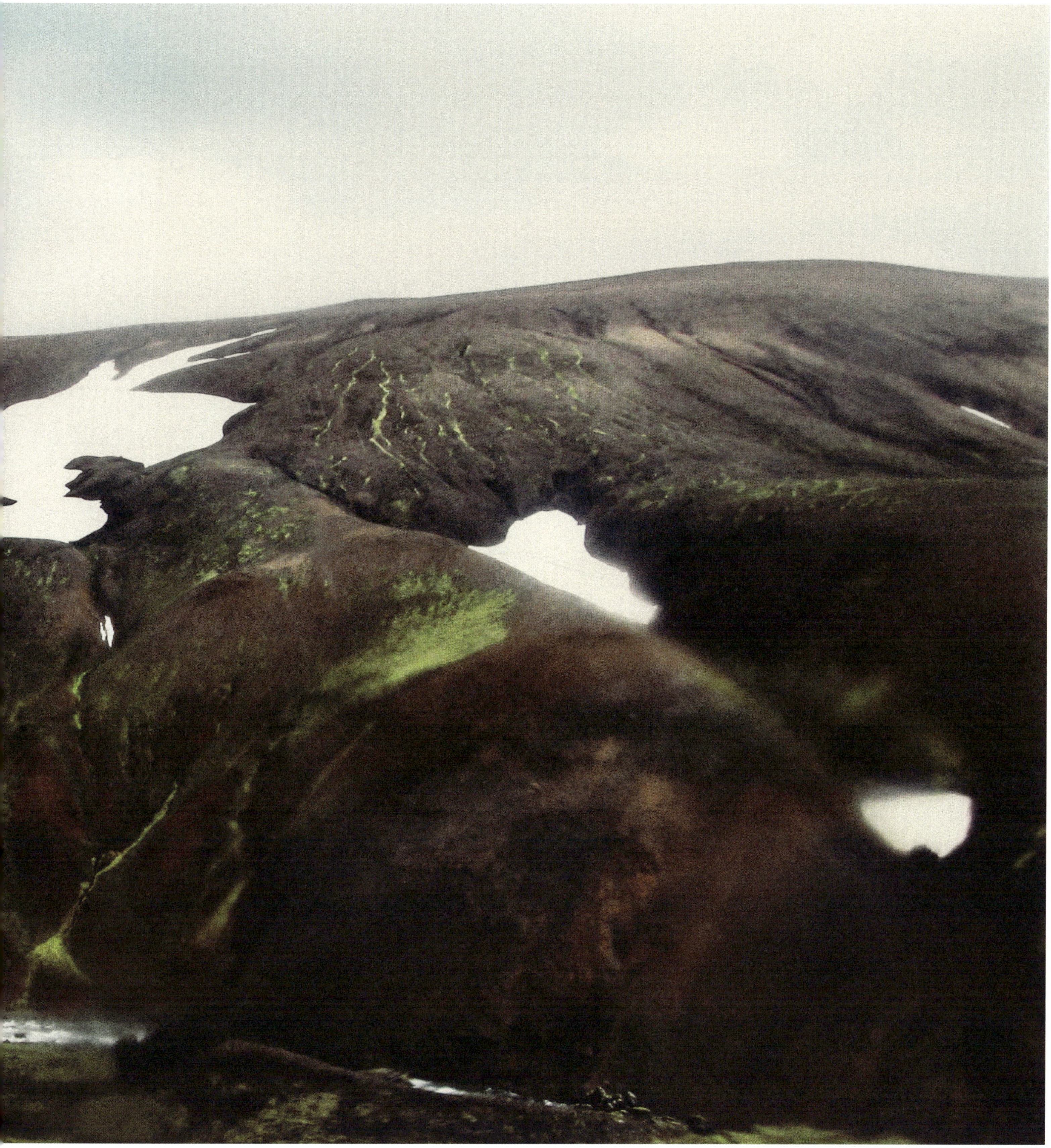

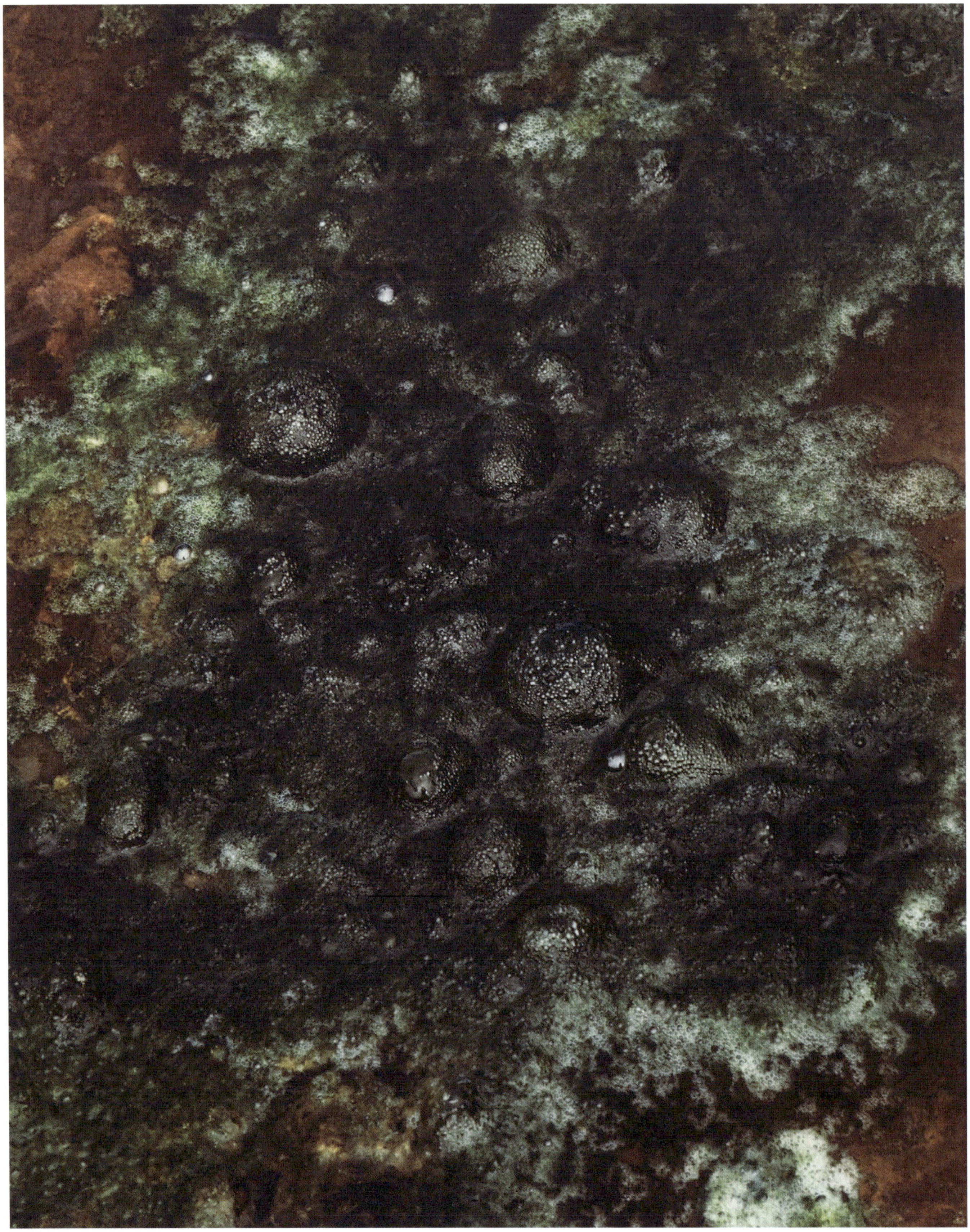

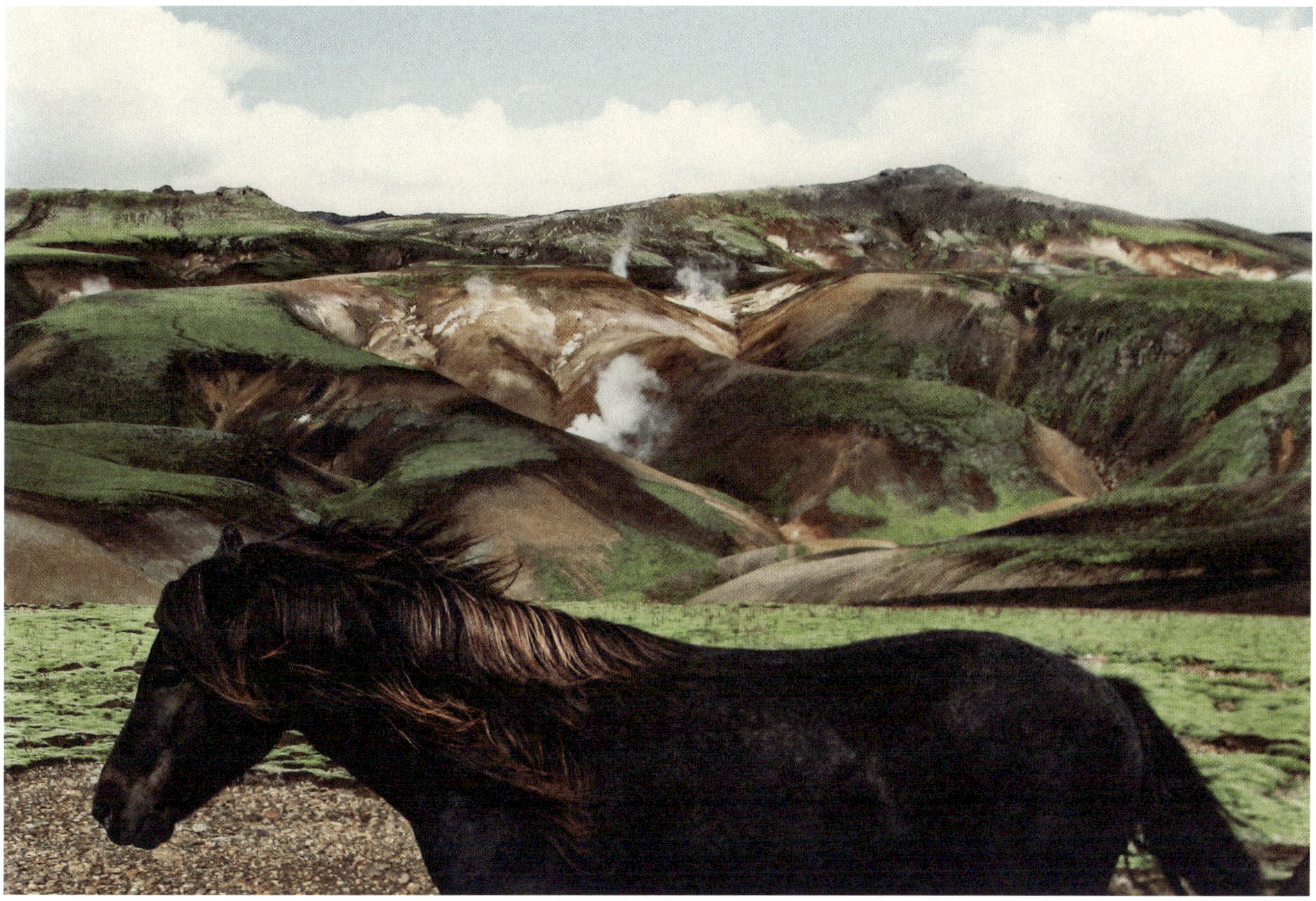

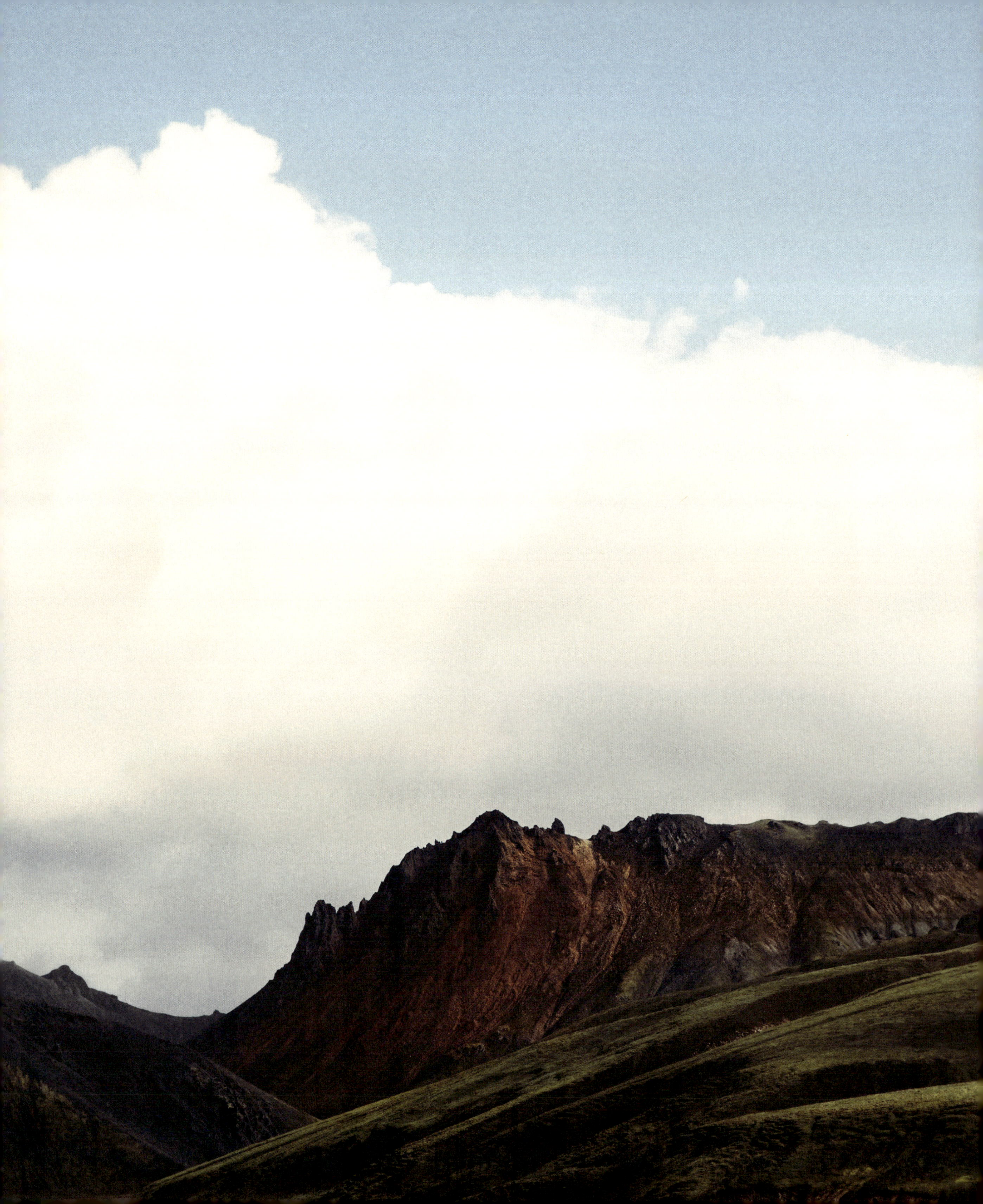

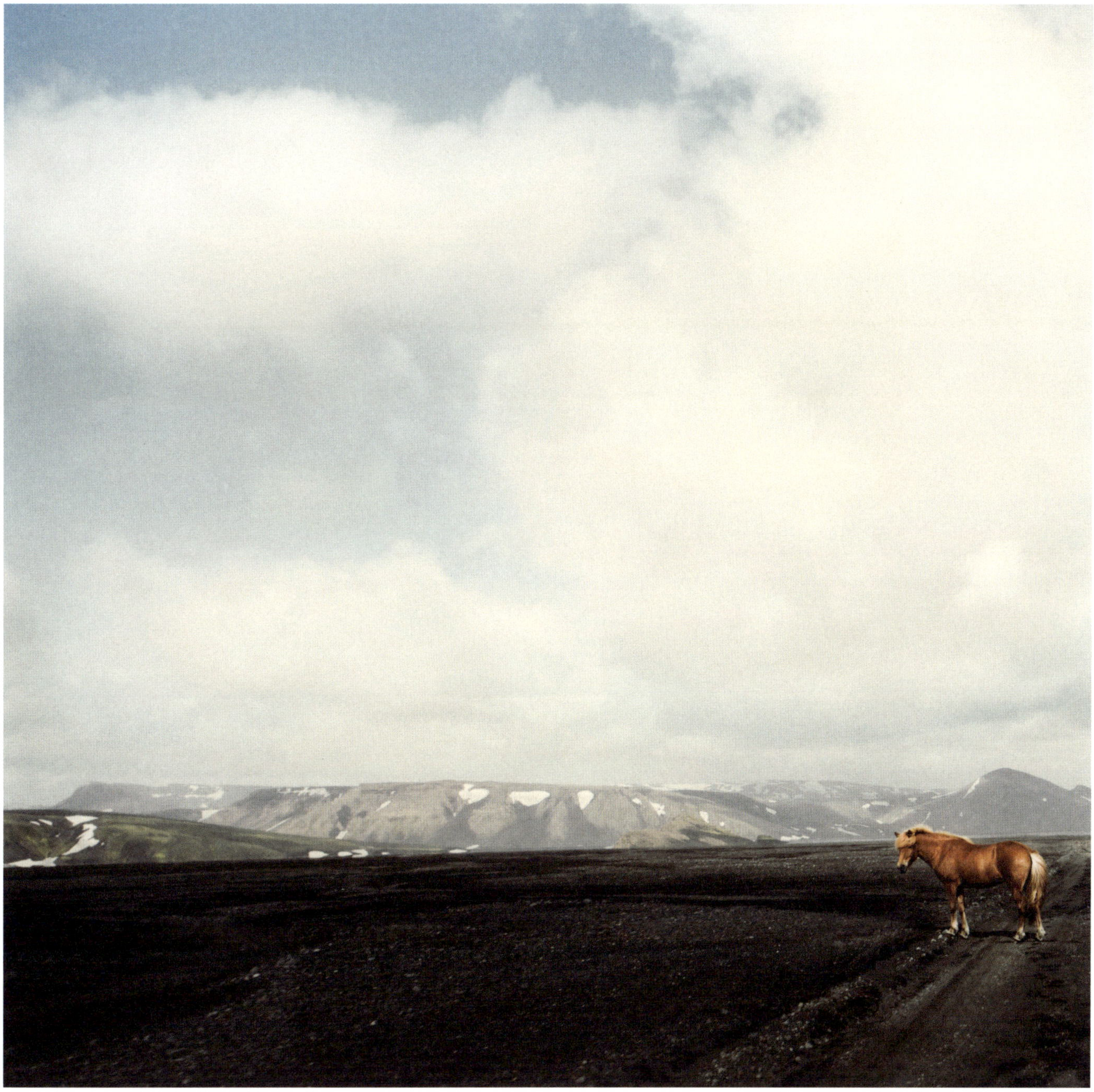

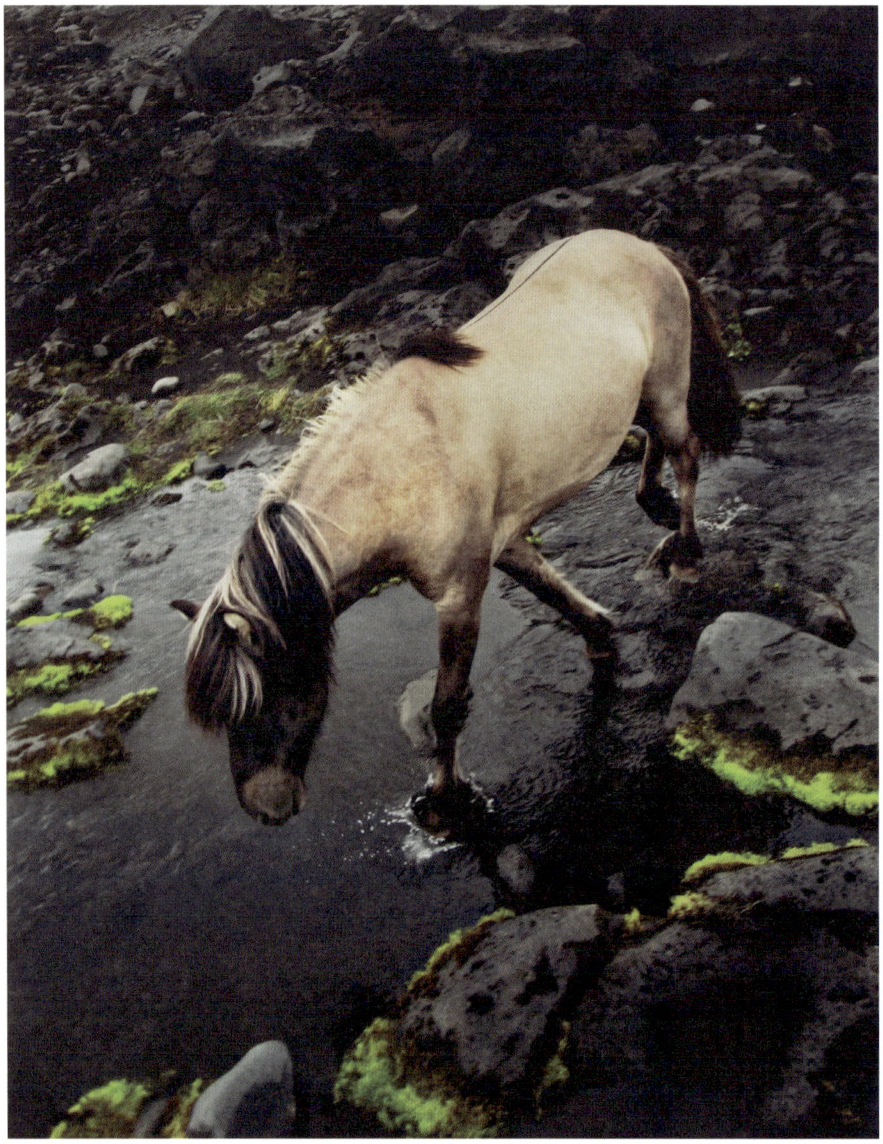

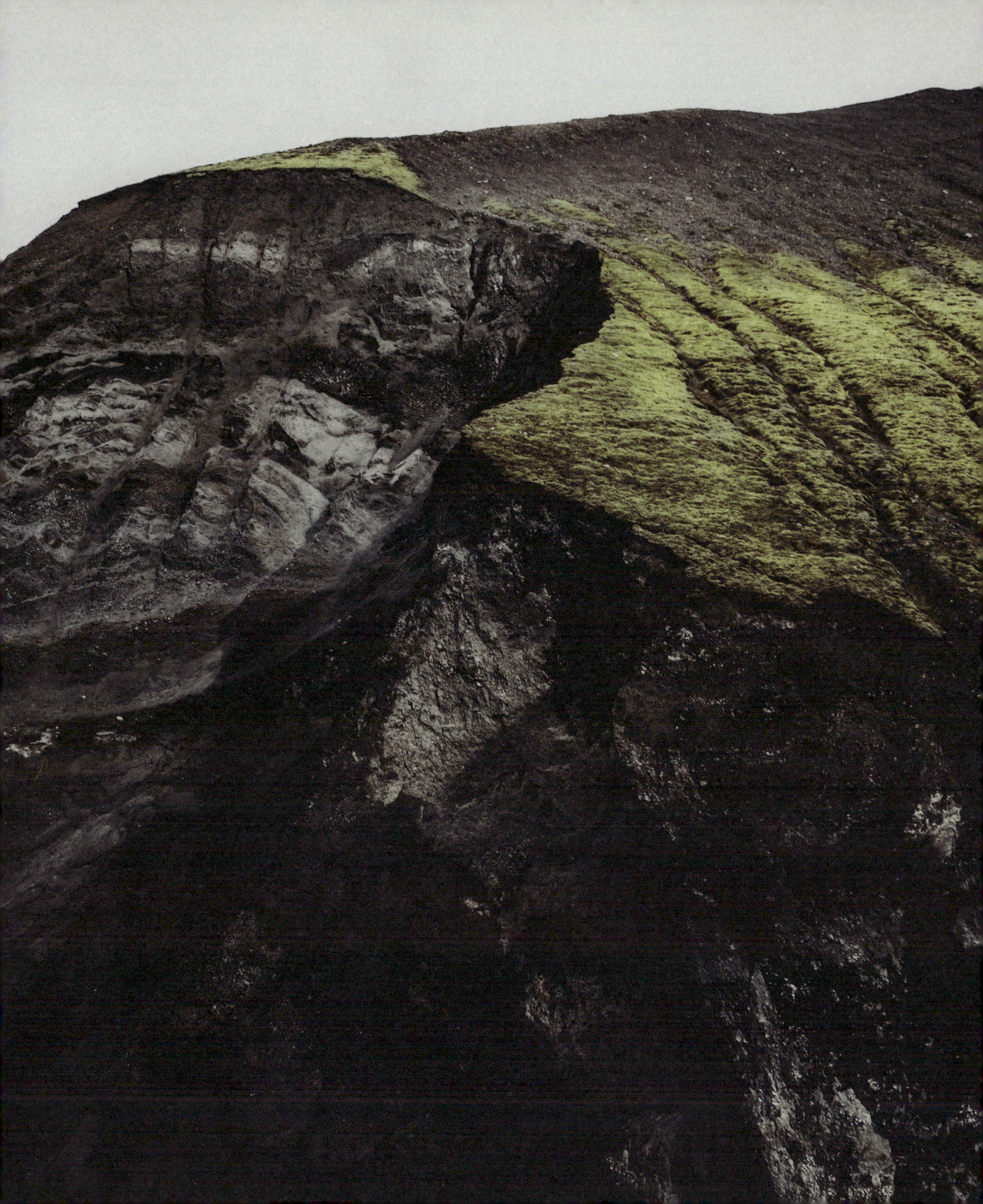

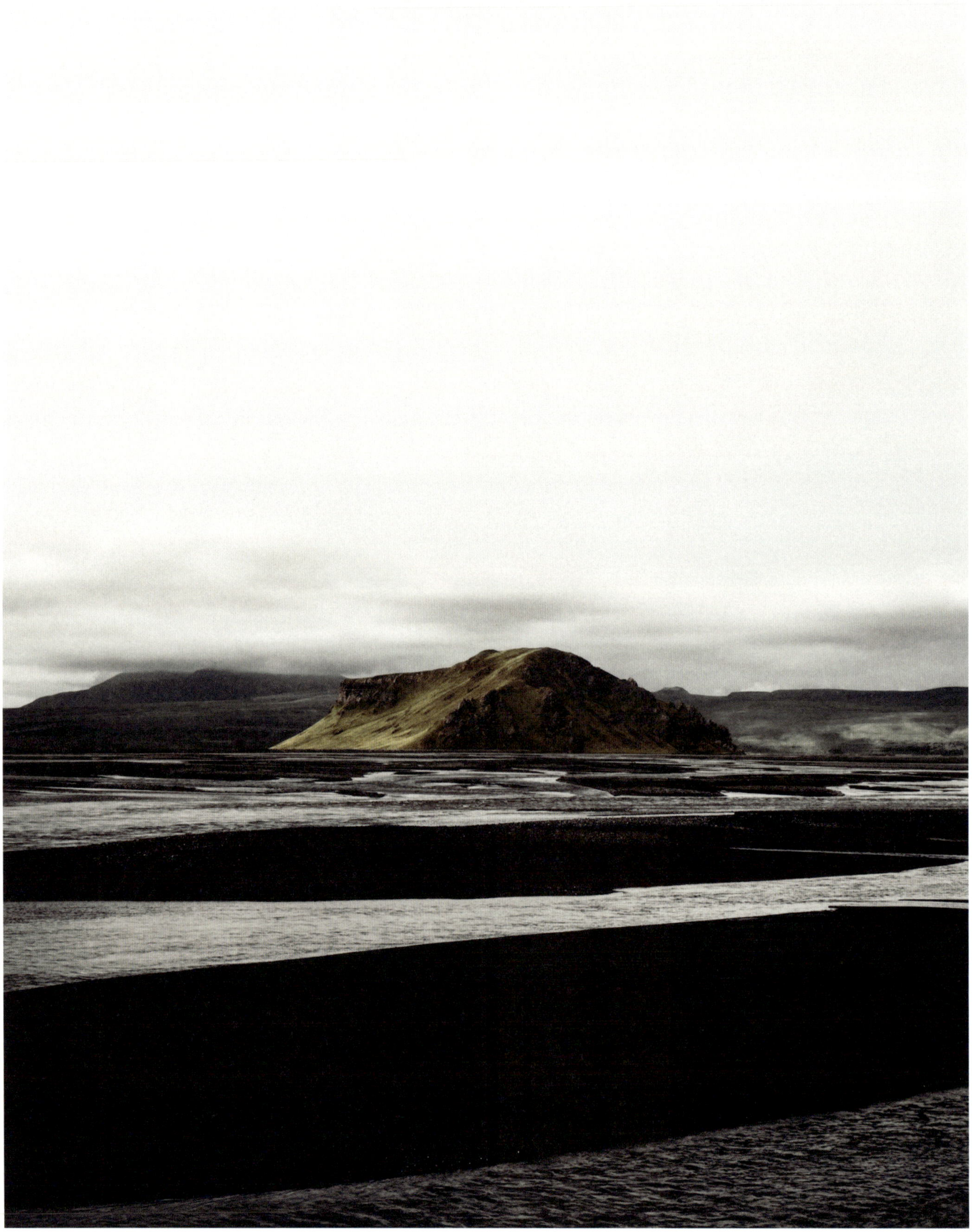

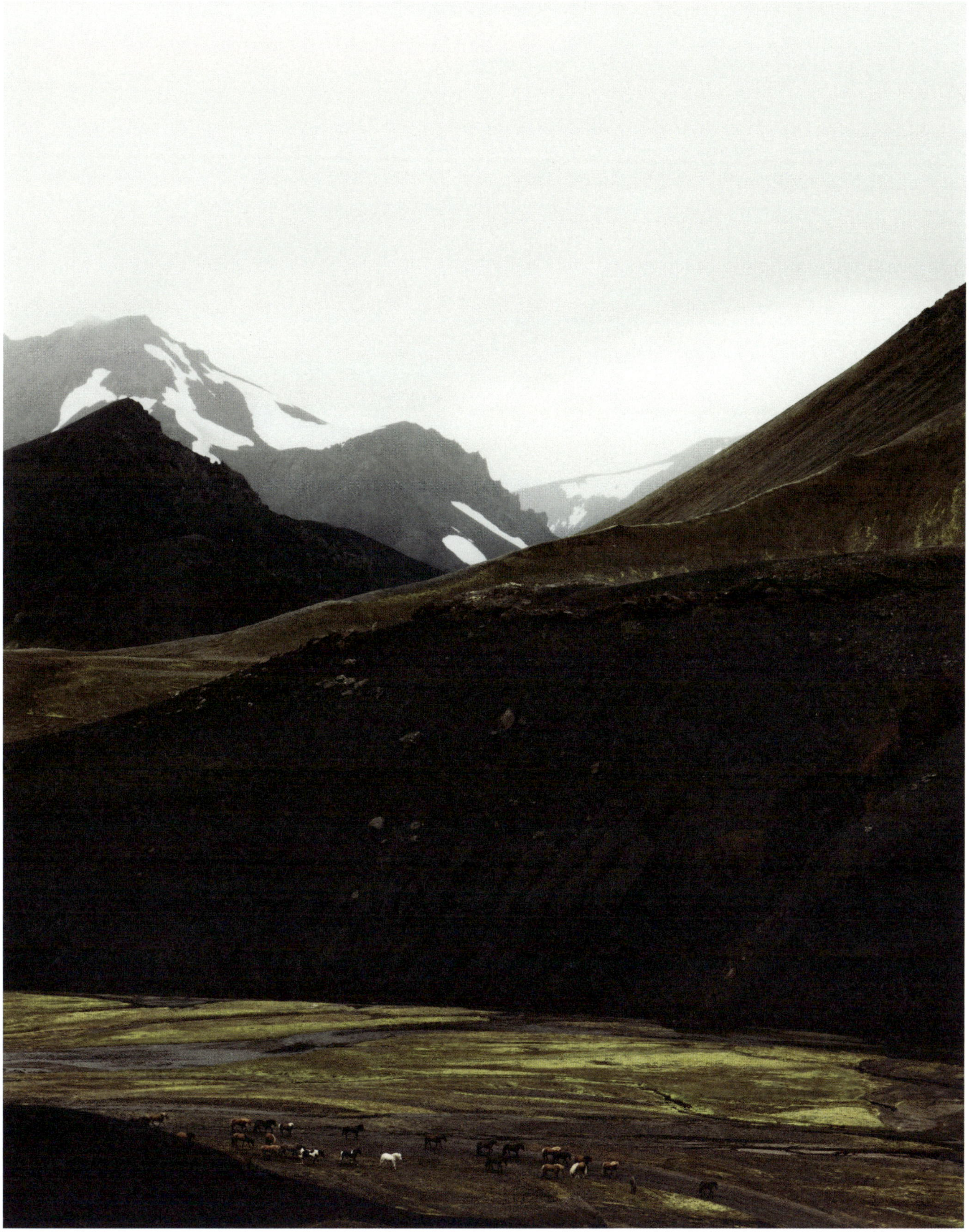

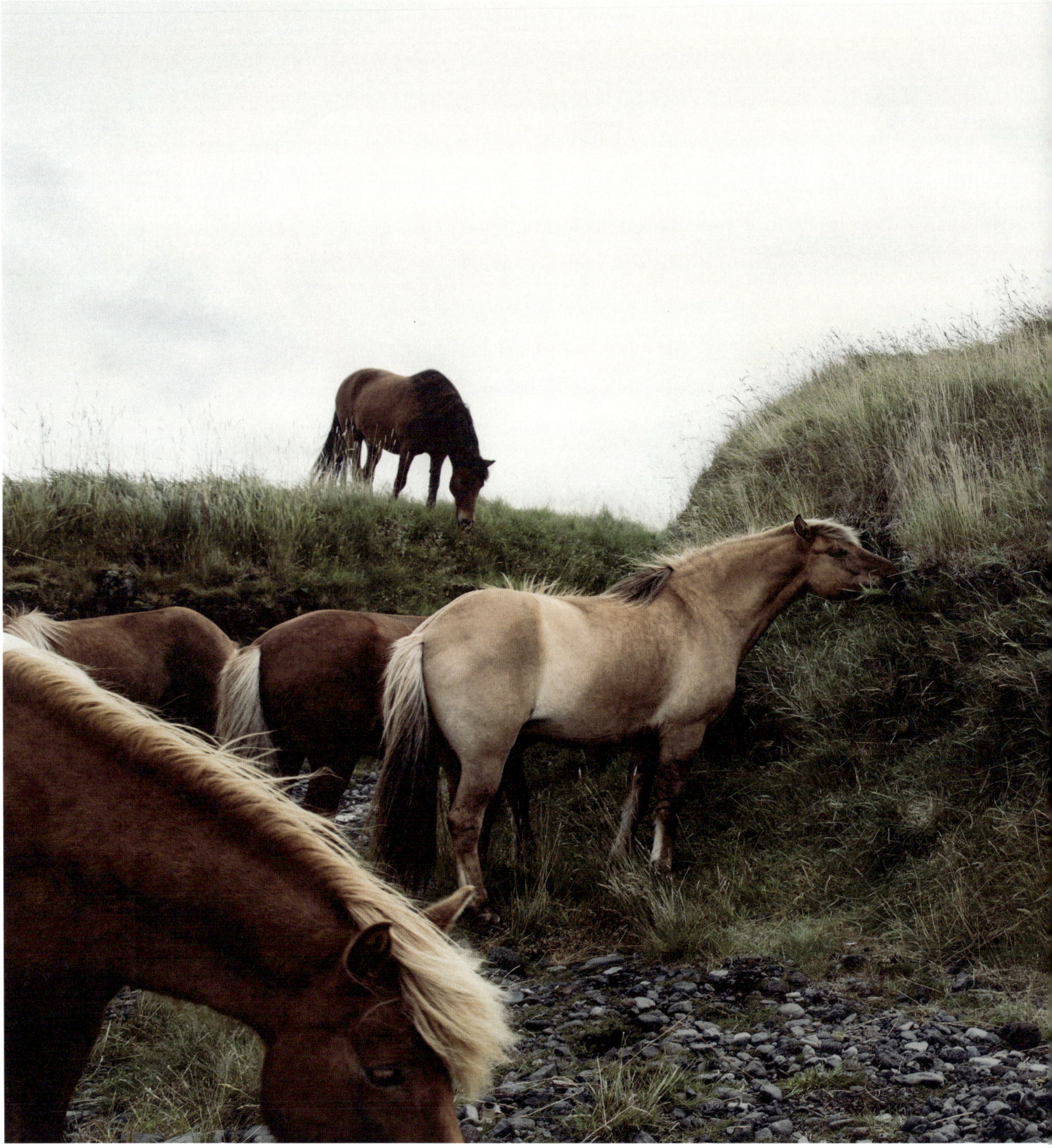

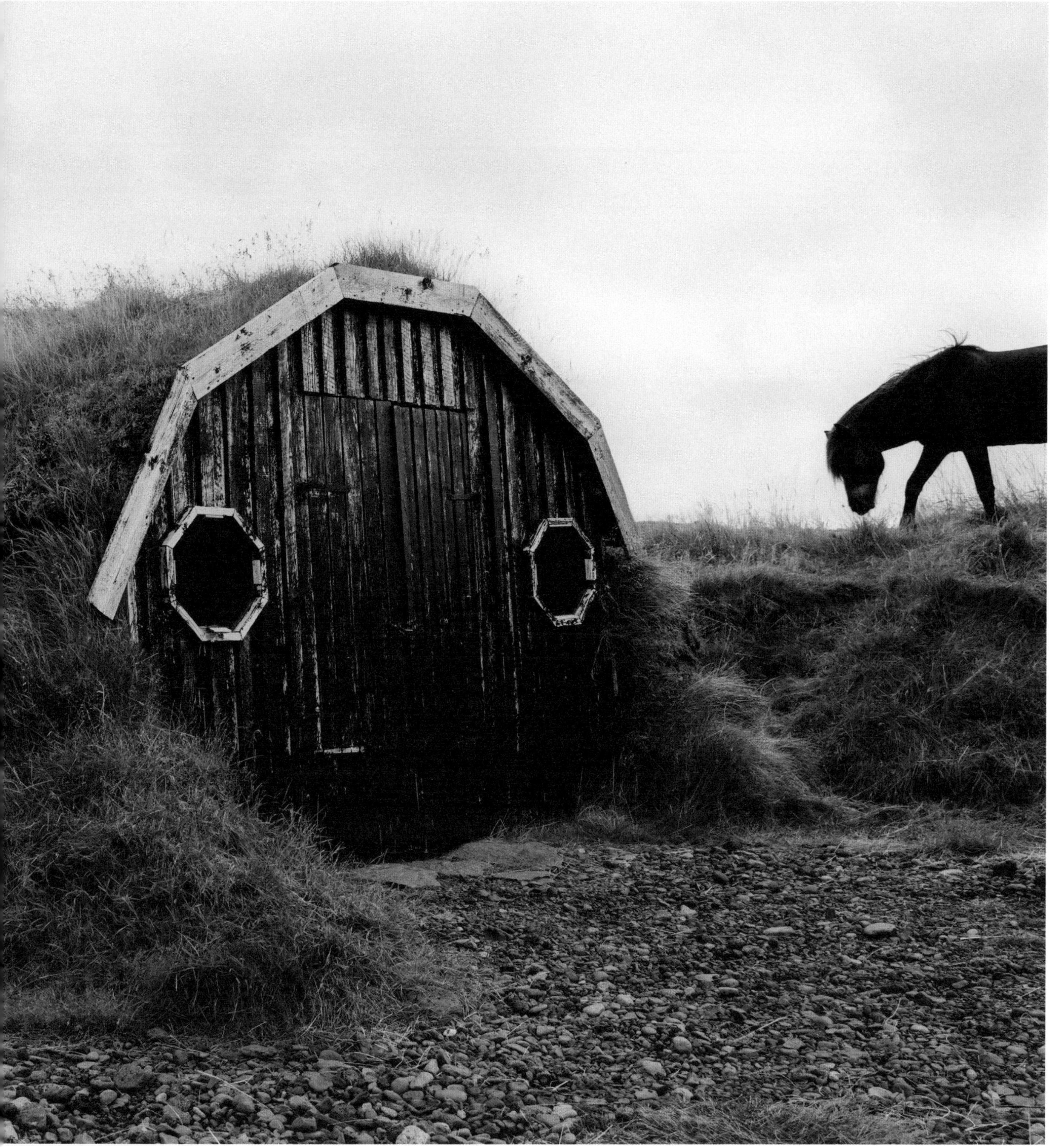

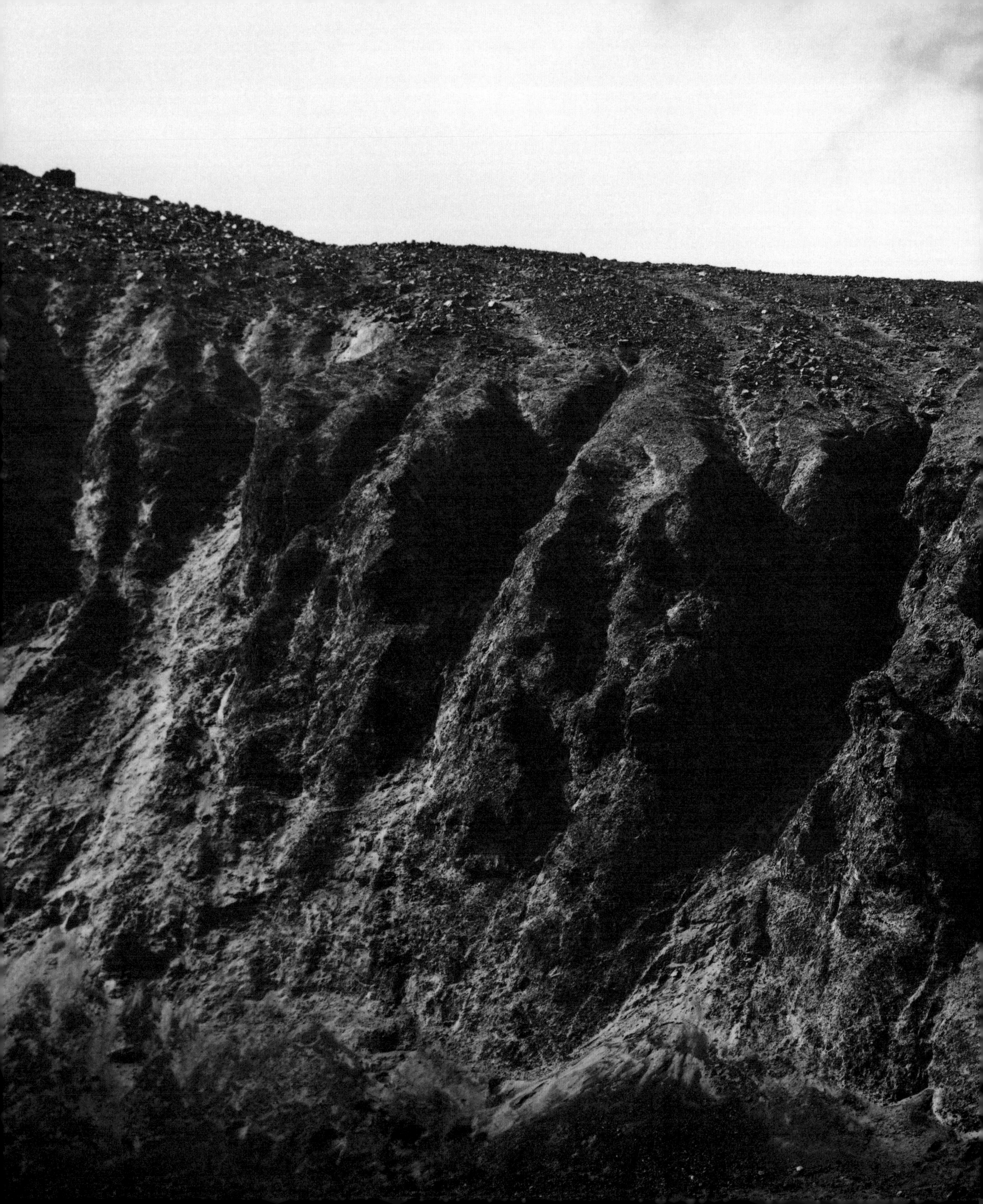

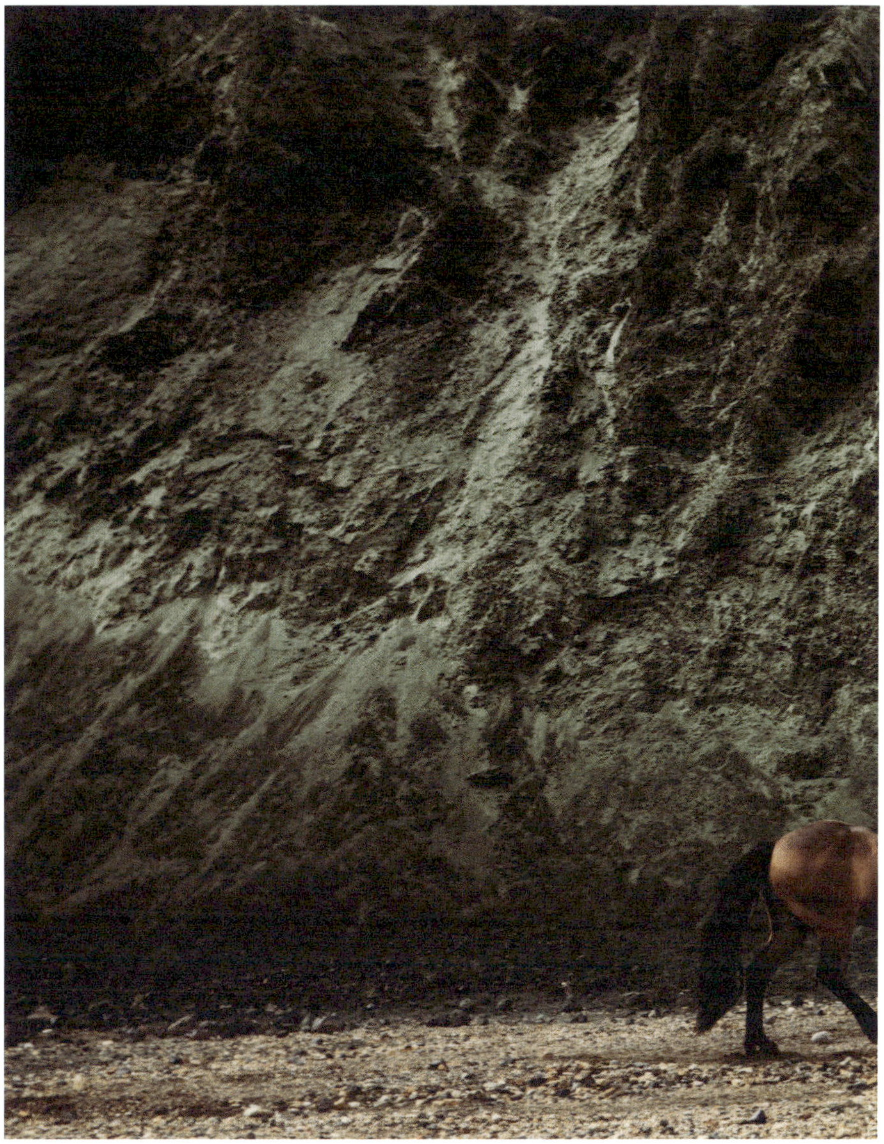

Hesturinn sem hleypur hraðar en vindurinn

The horse that gallops faster than the wind /*God Óðinn's horse Sleipnir*

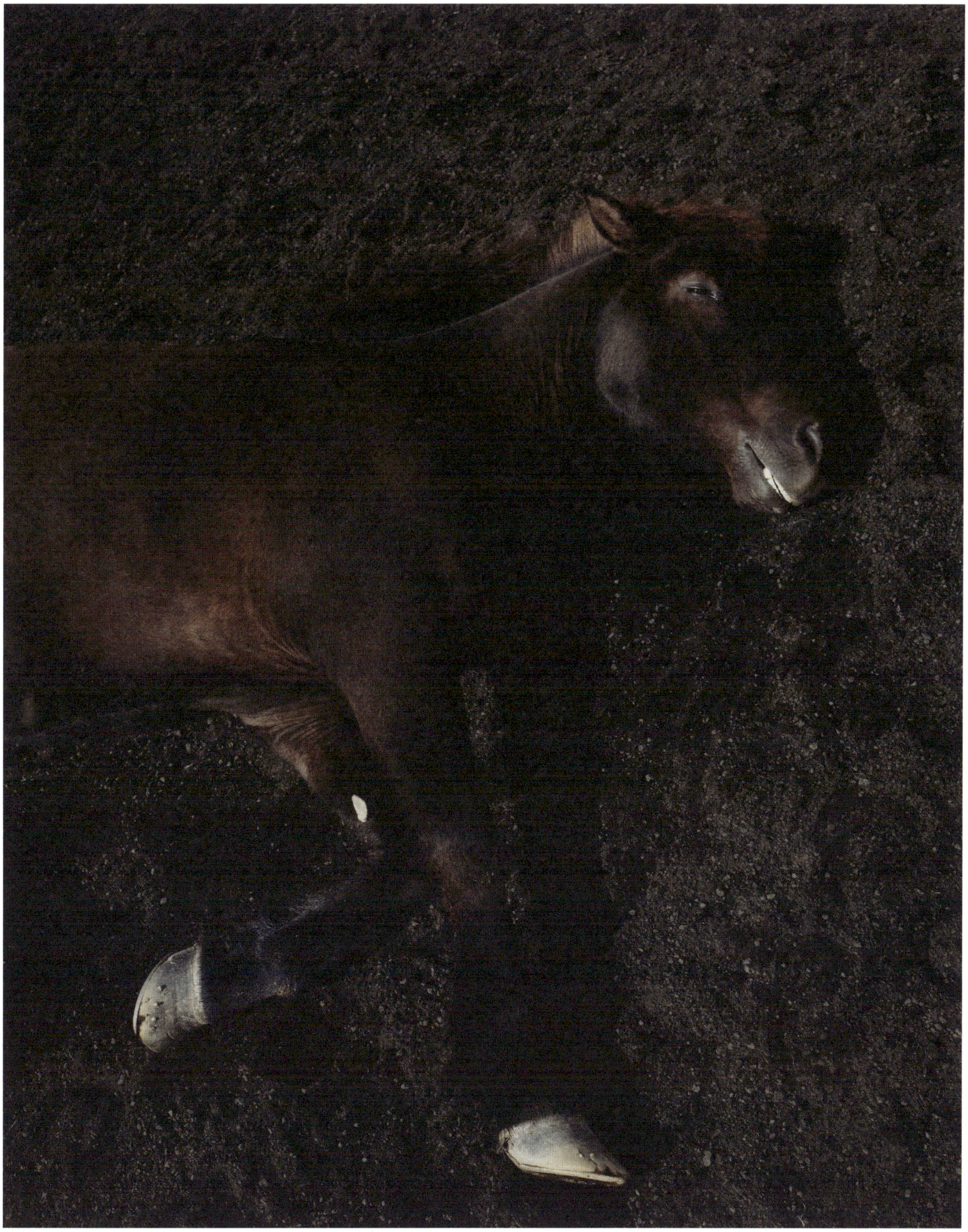

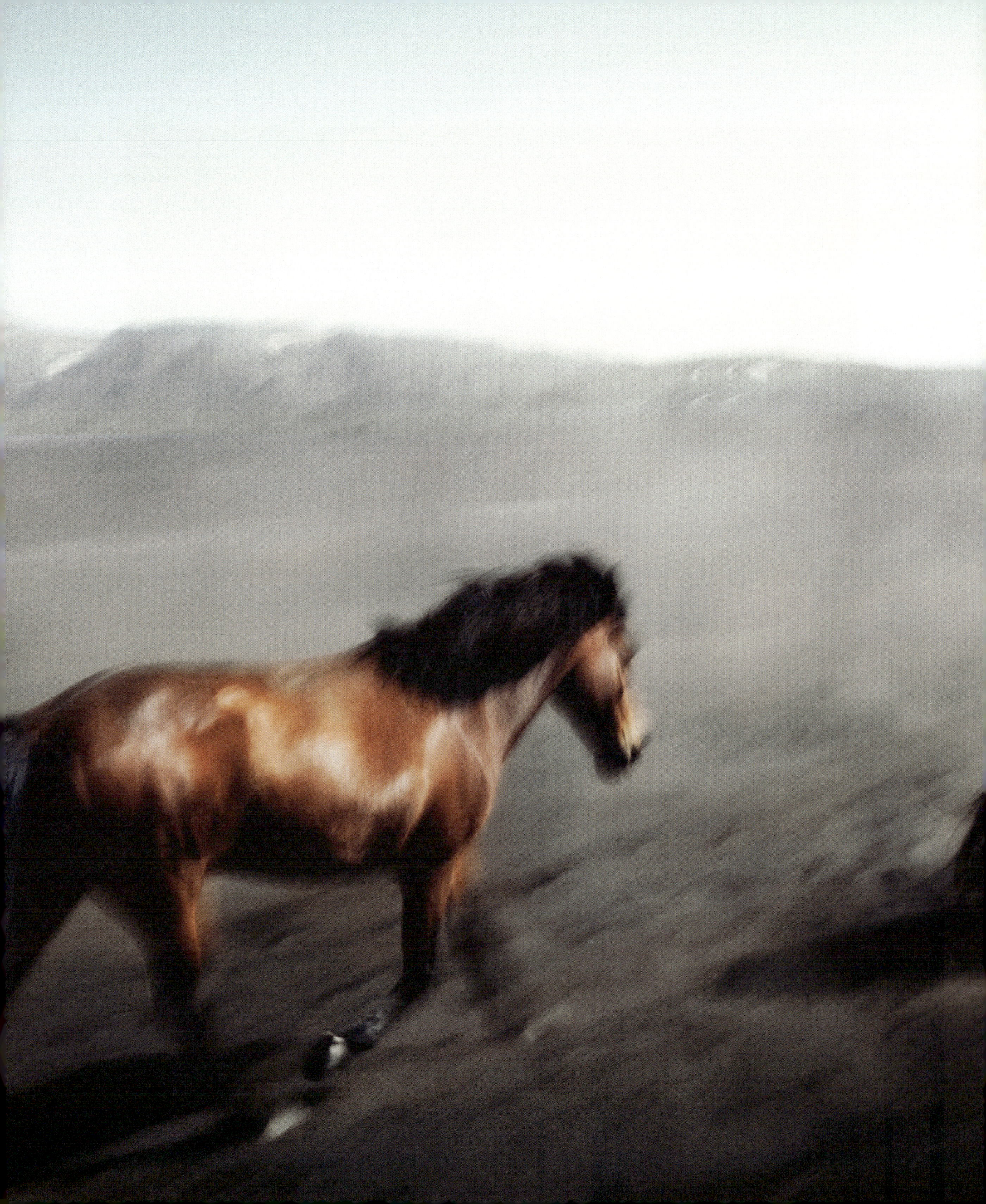

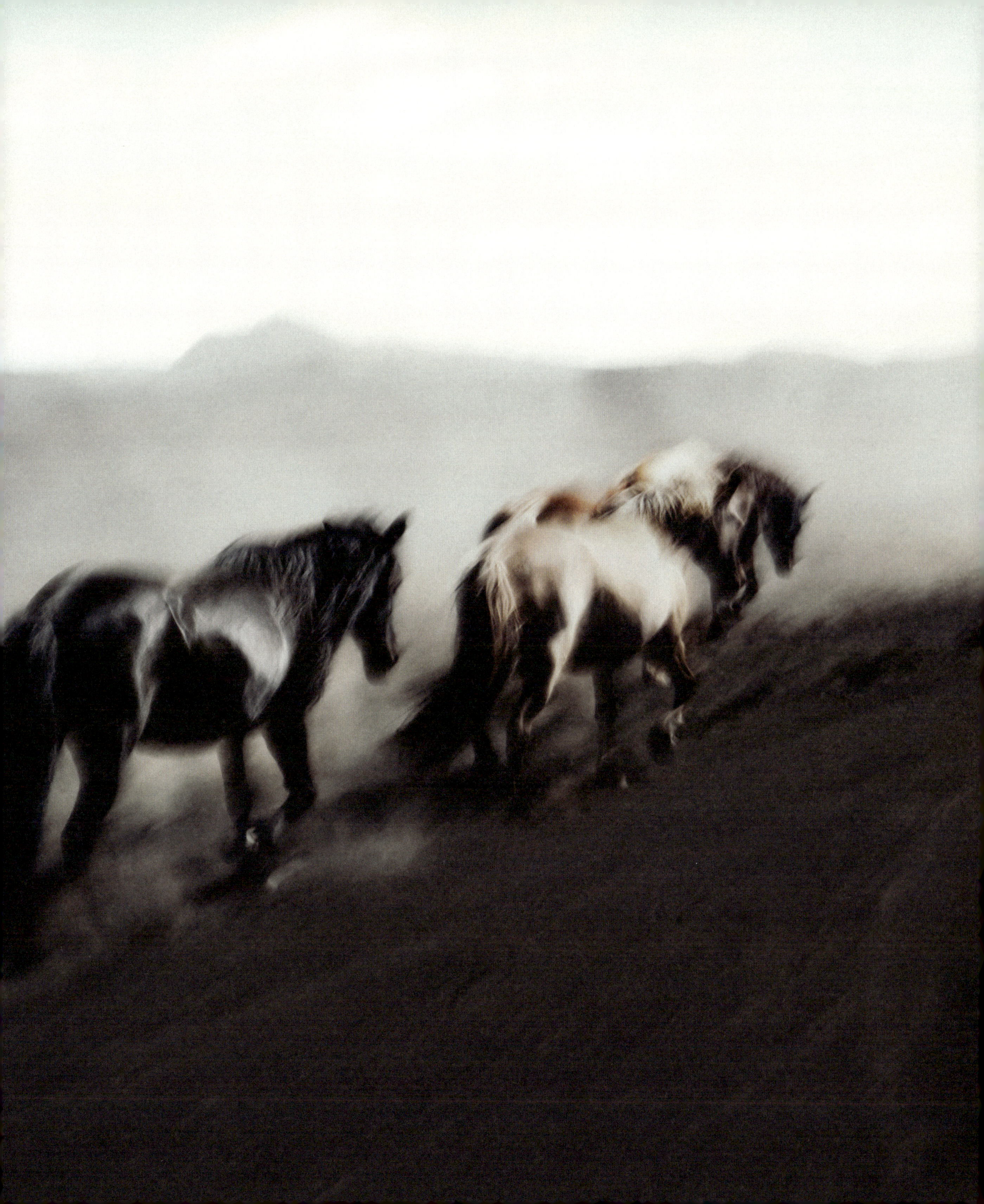

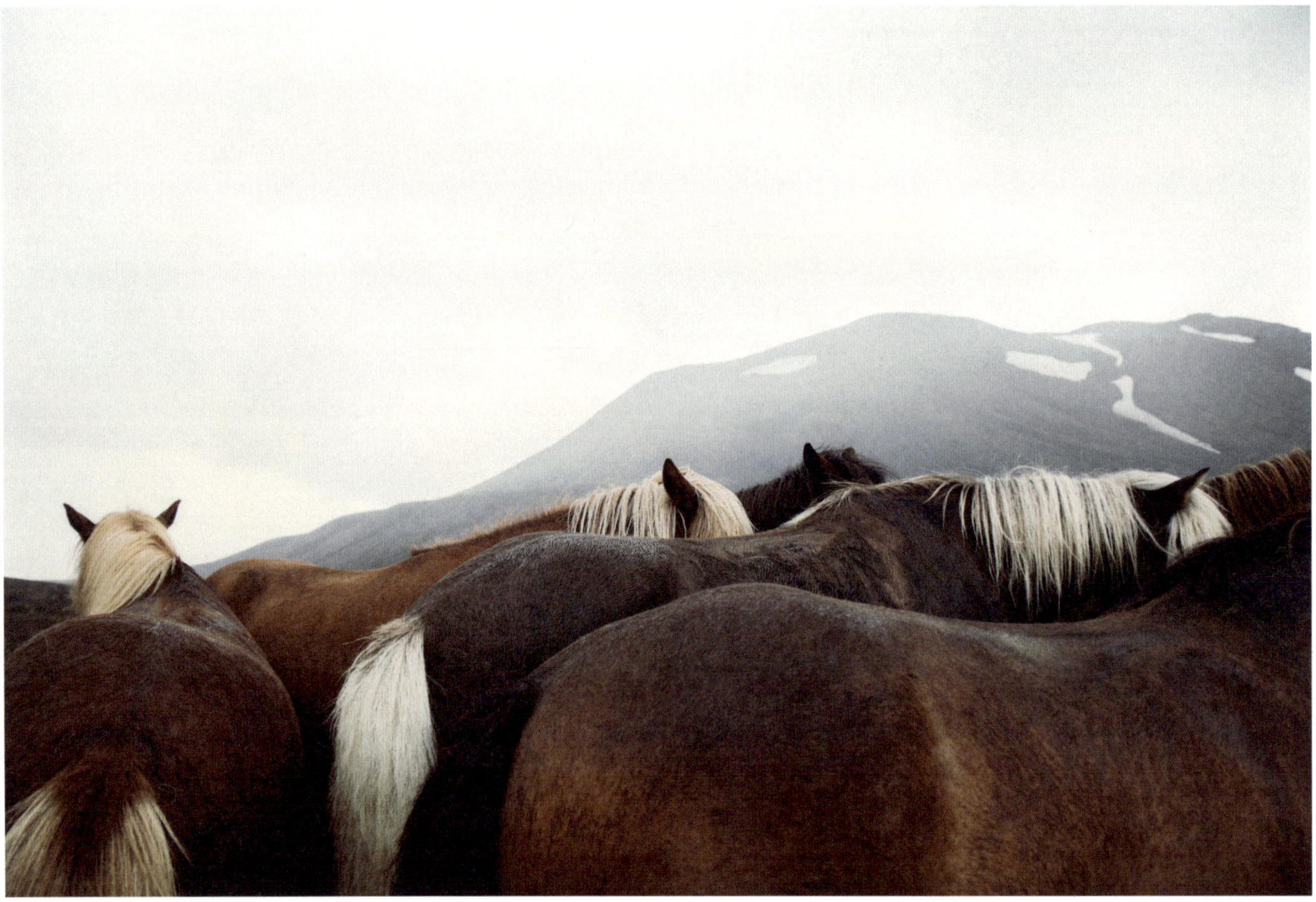

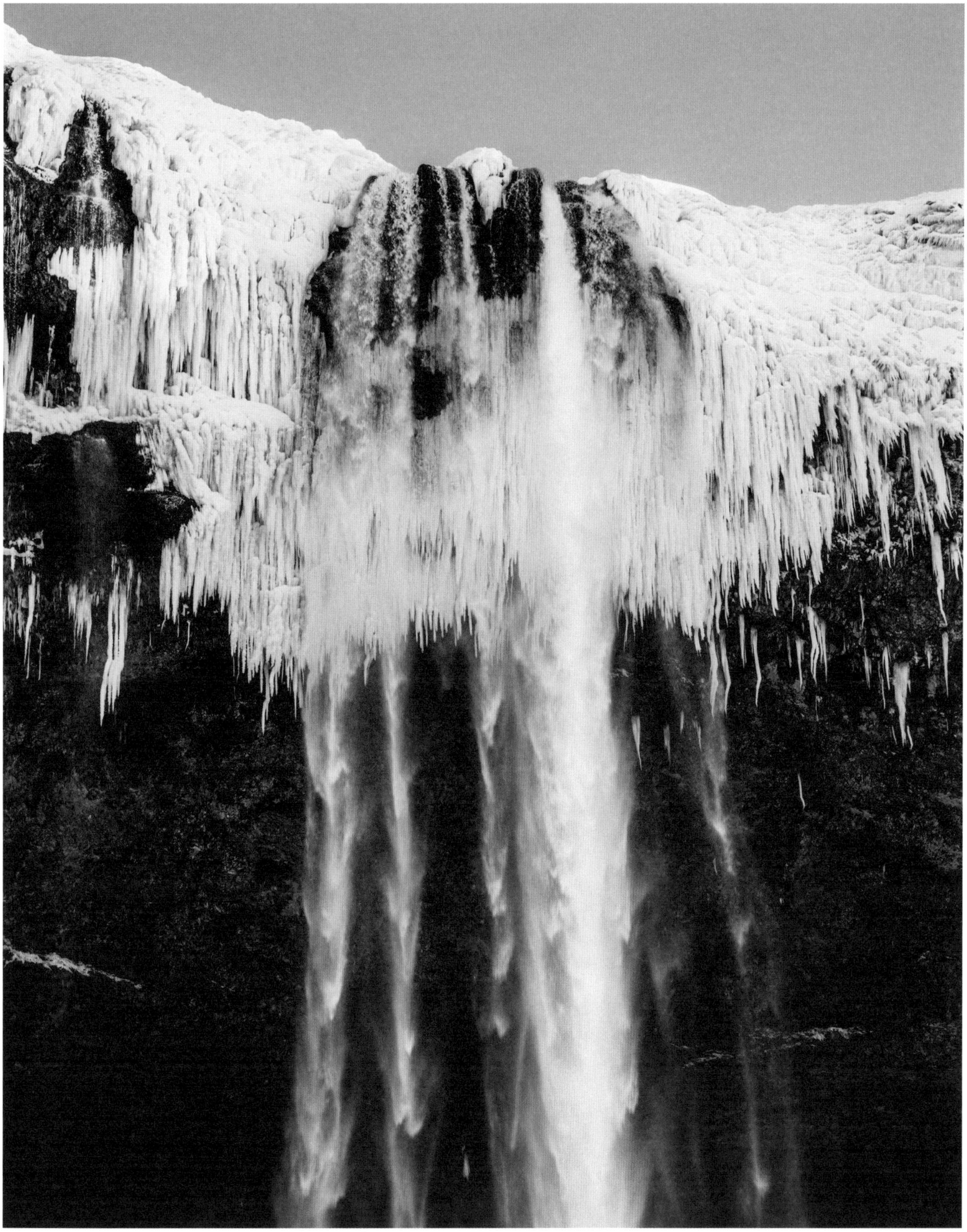

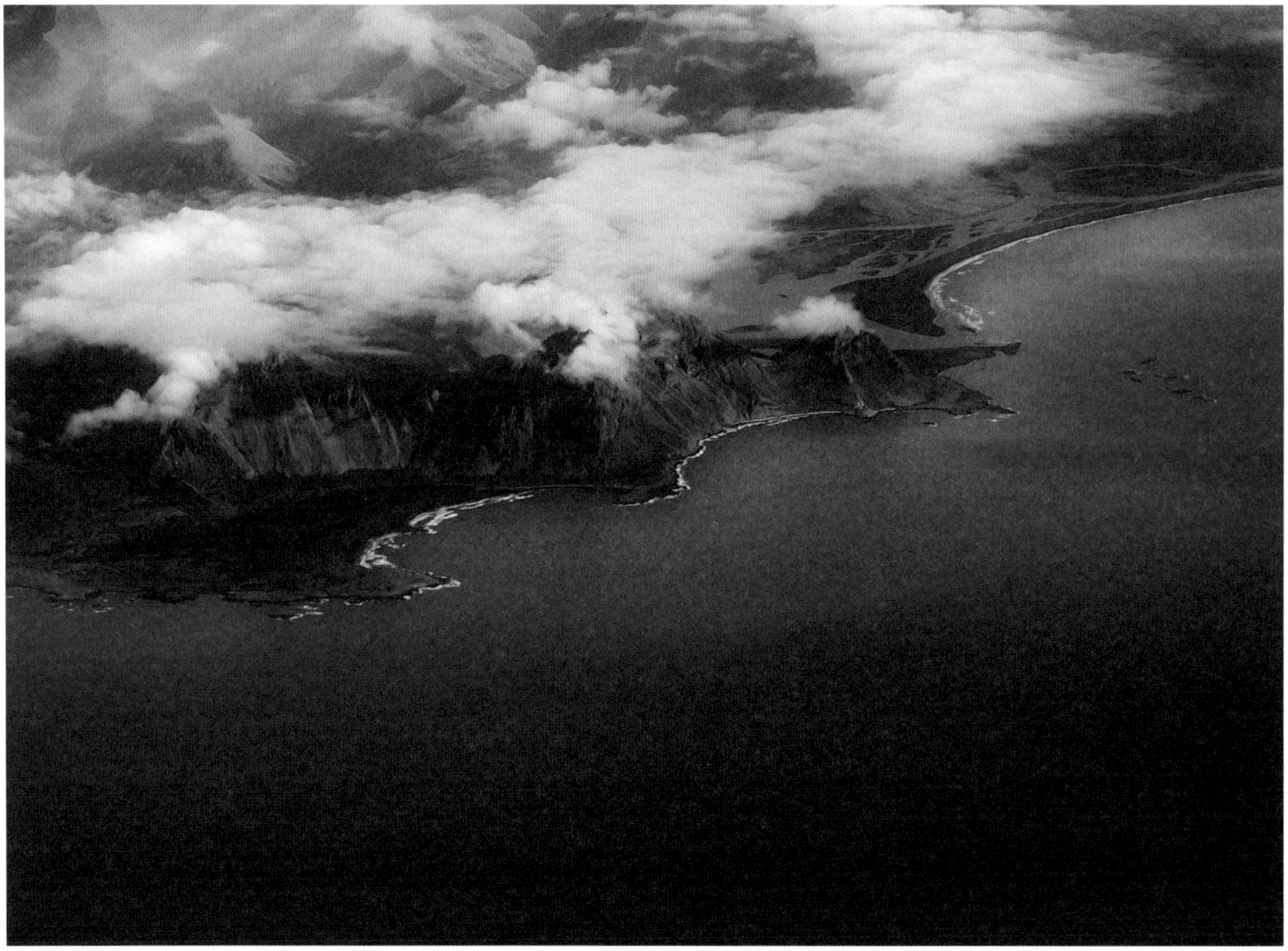

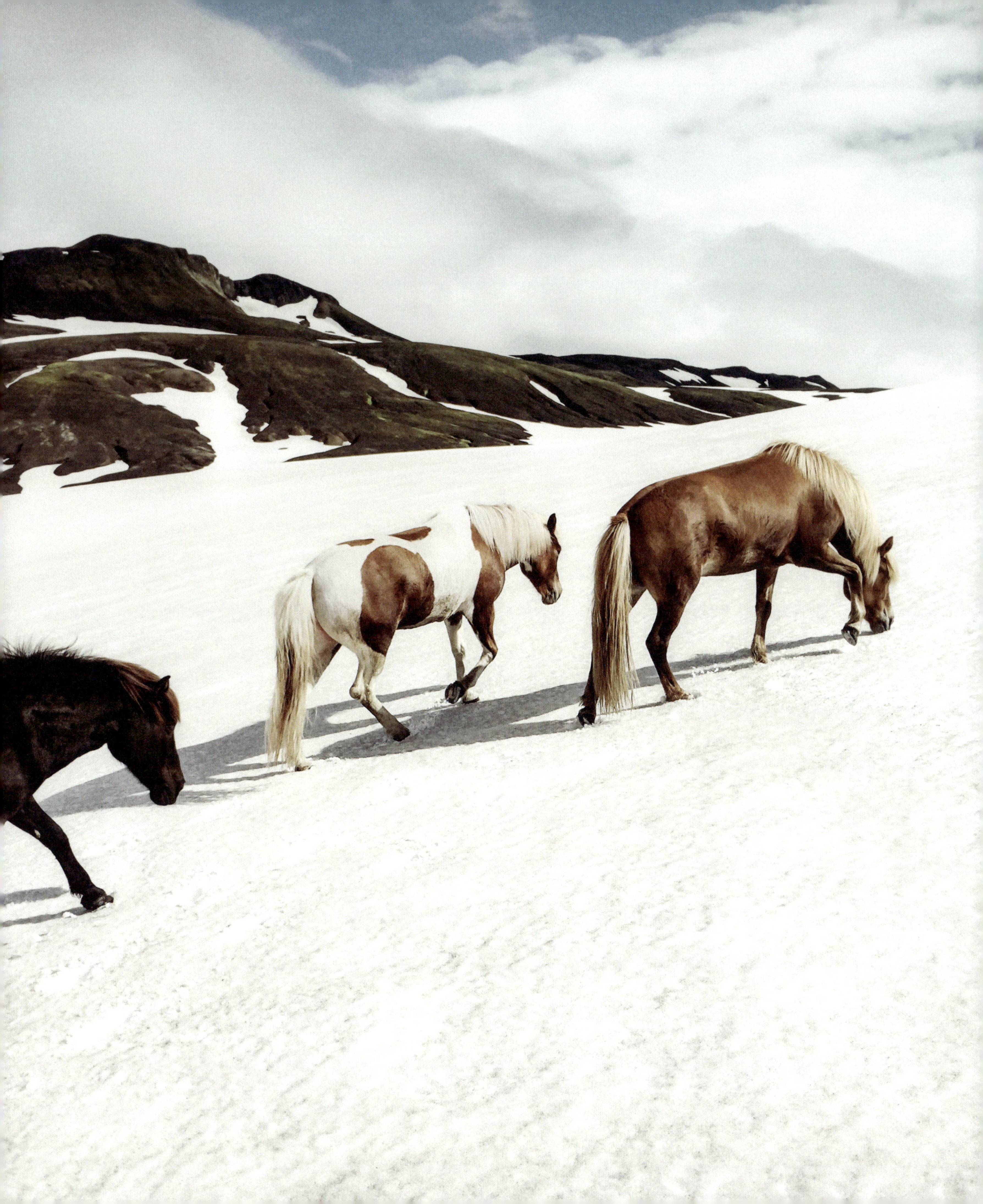

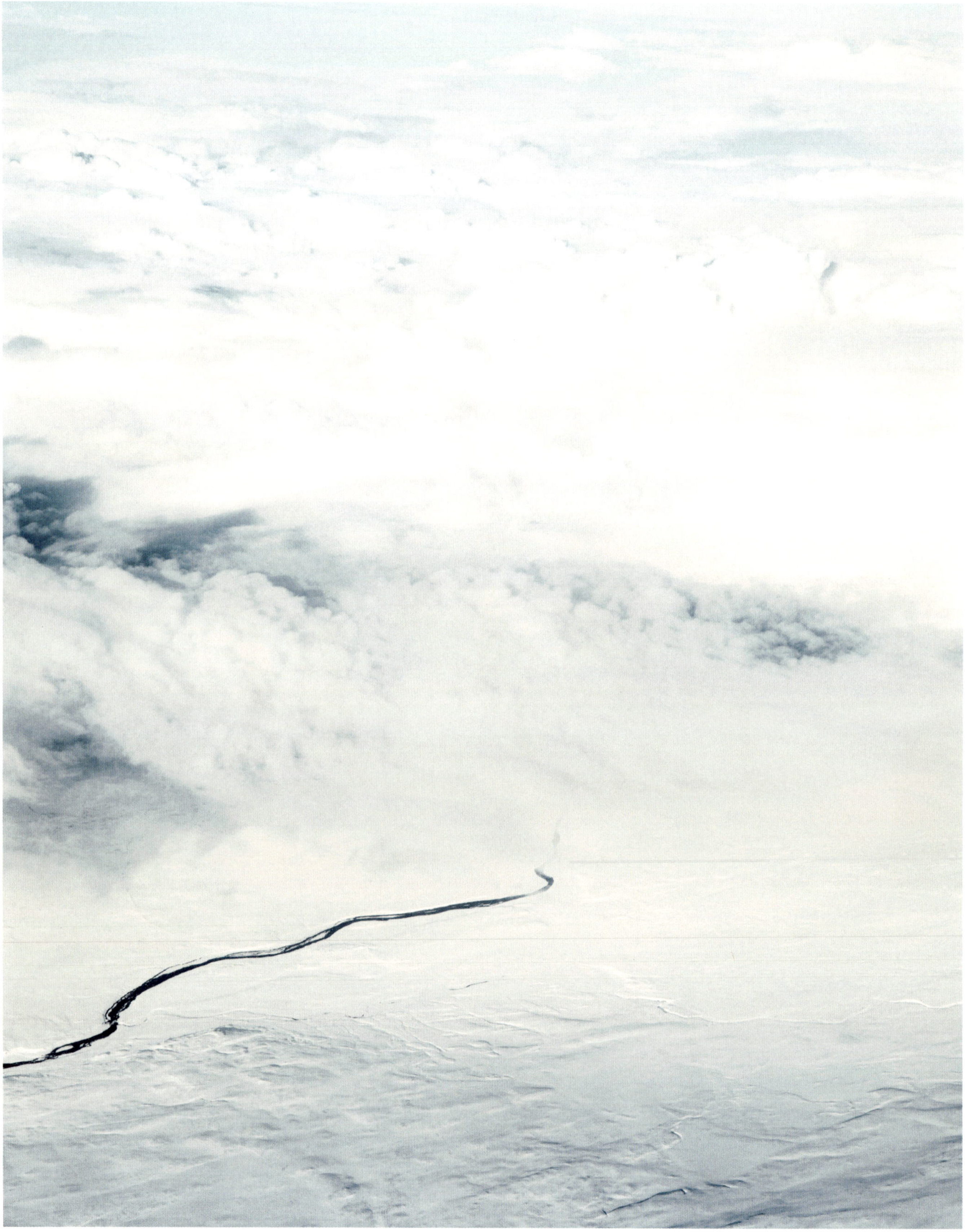

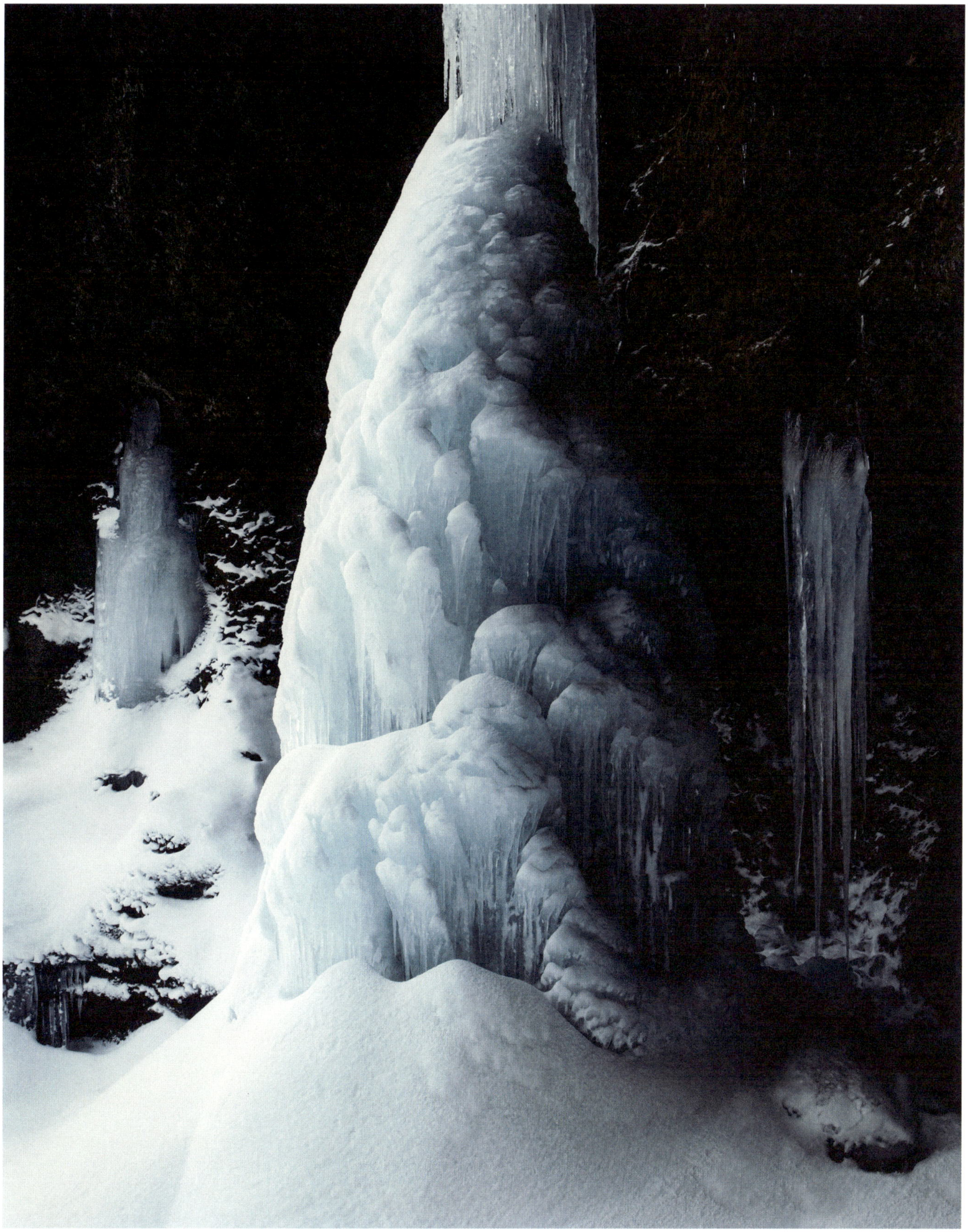

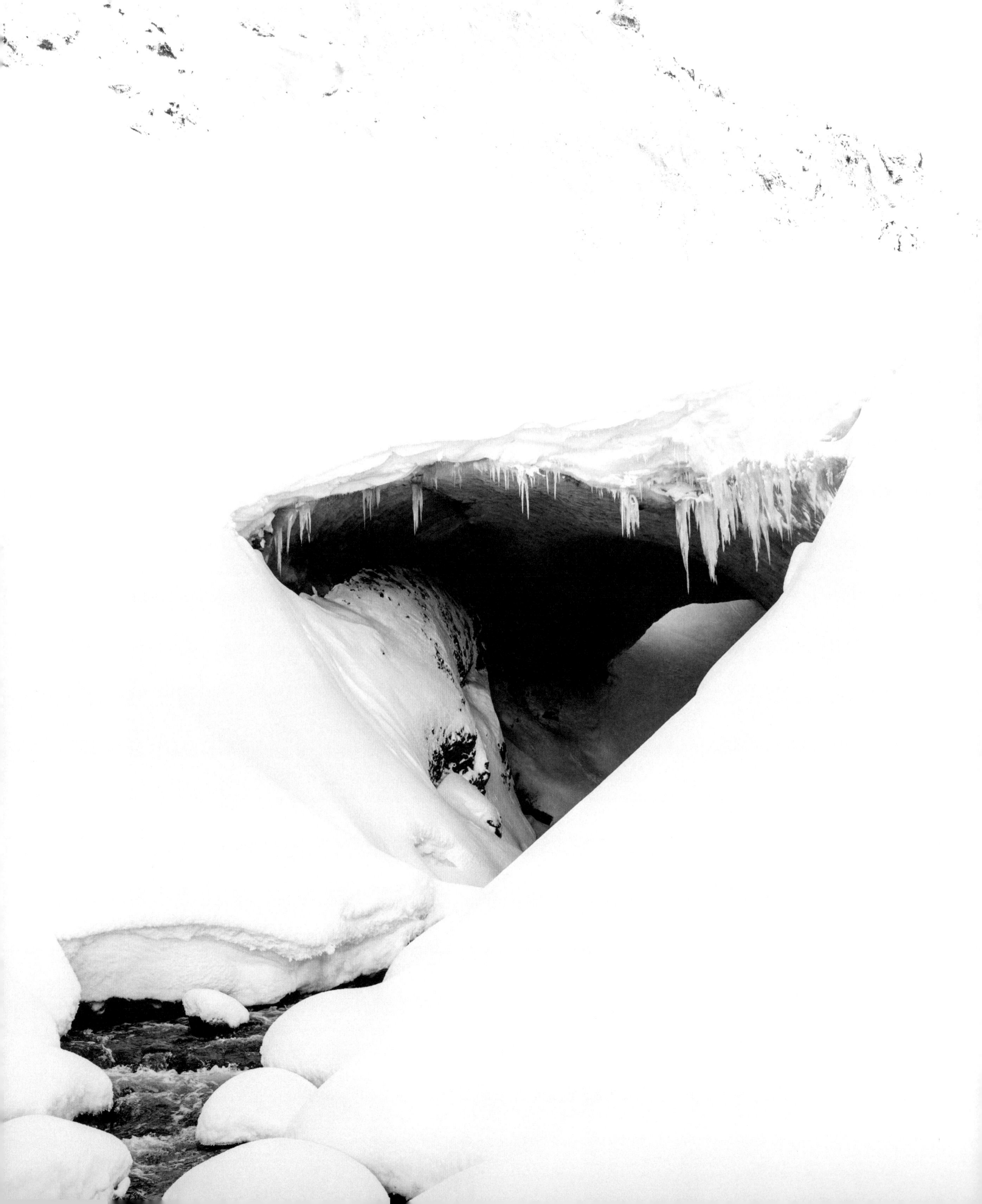

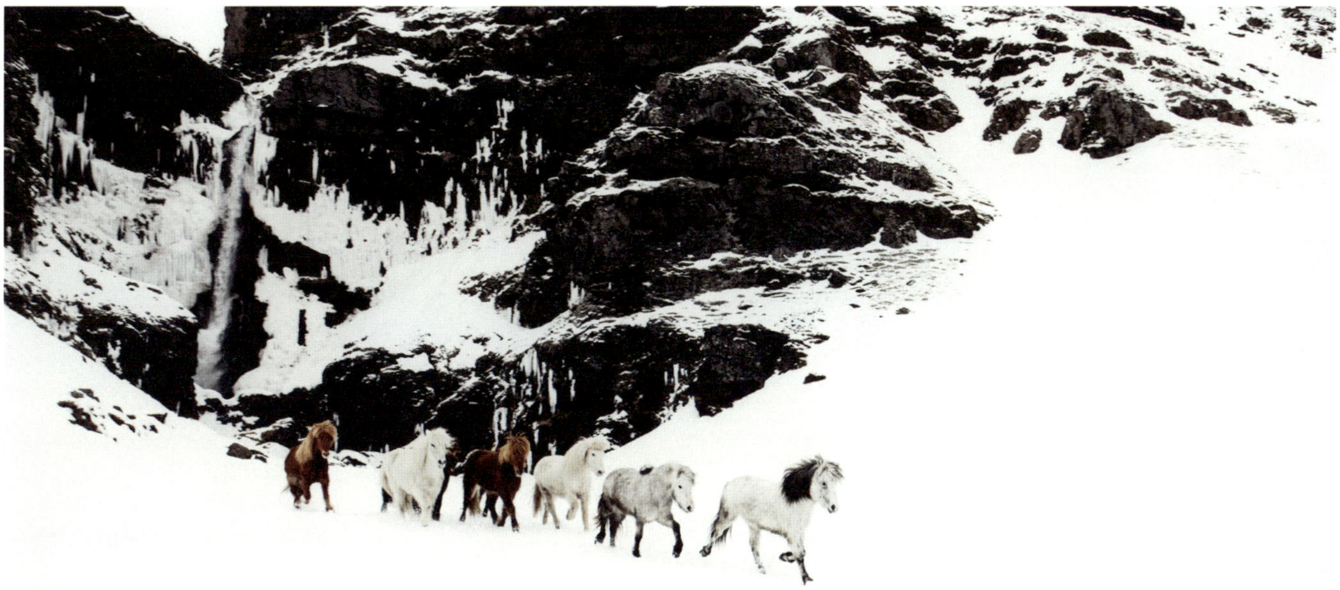

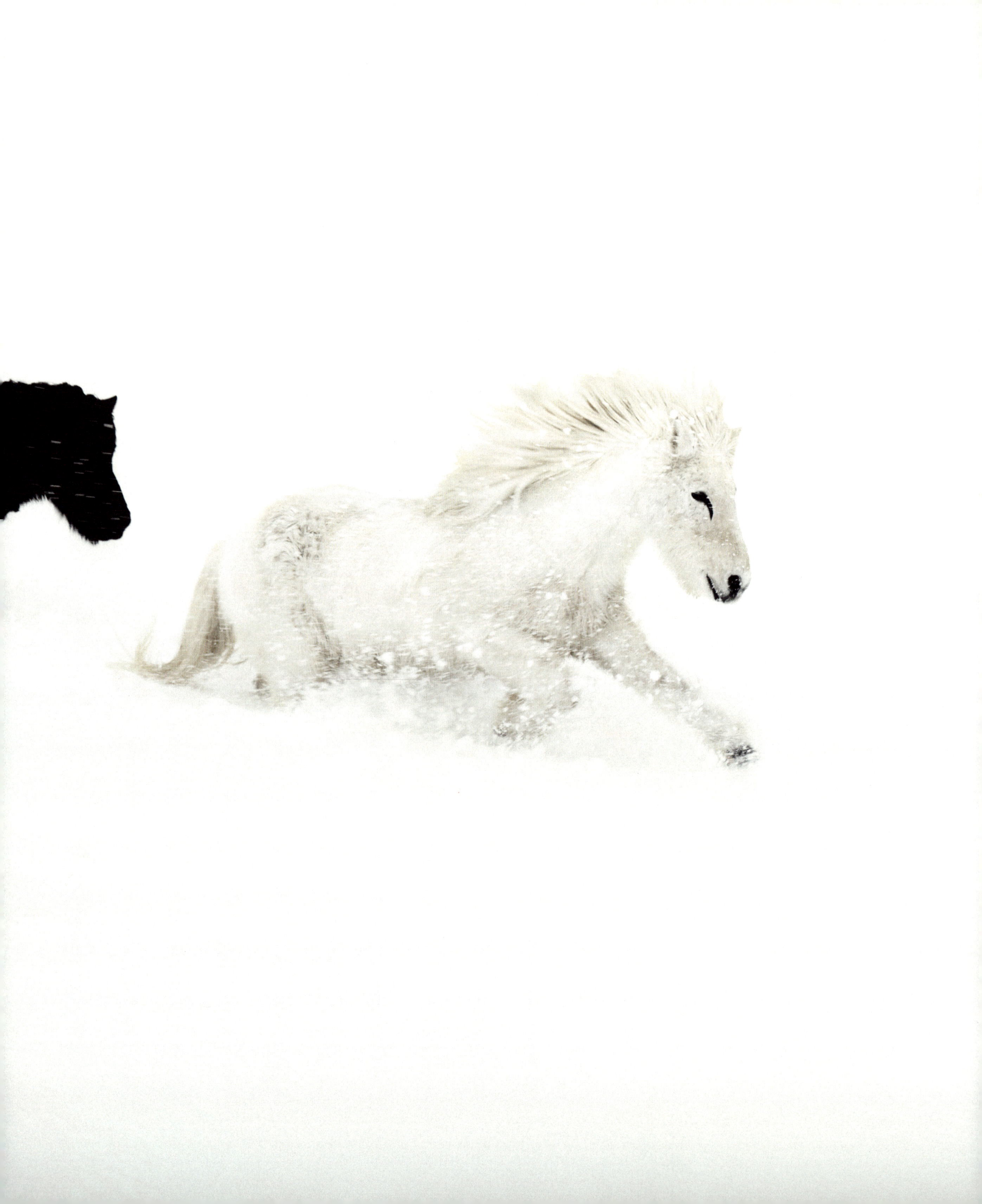

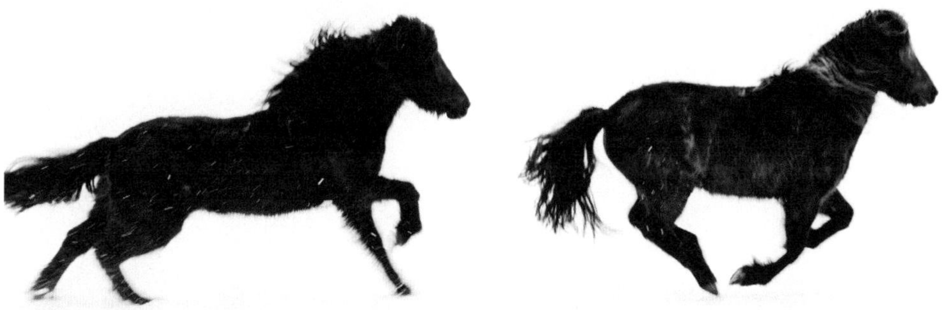

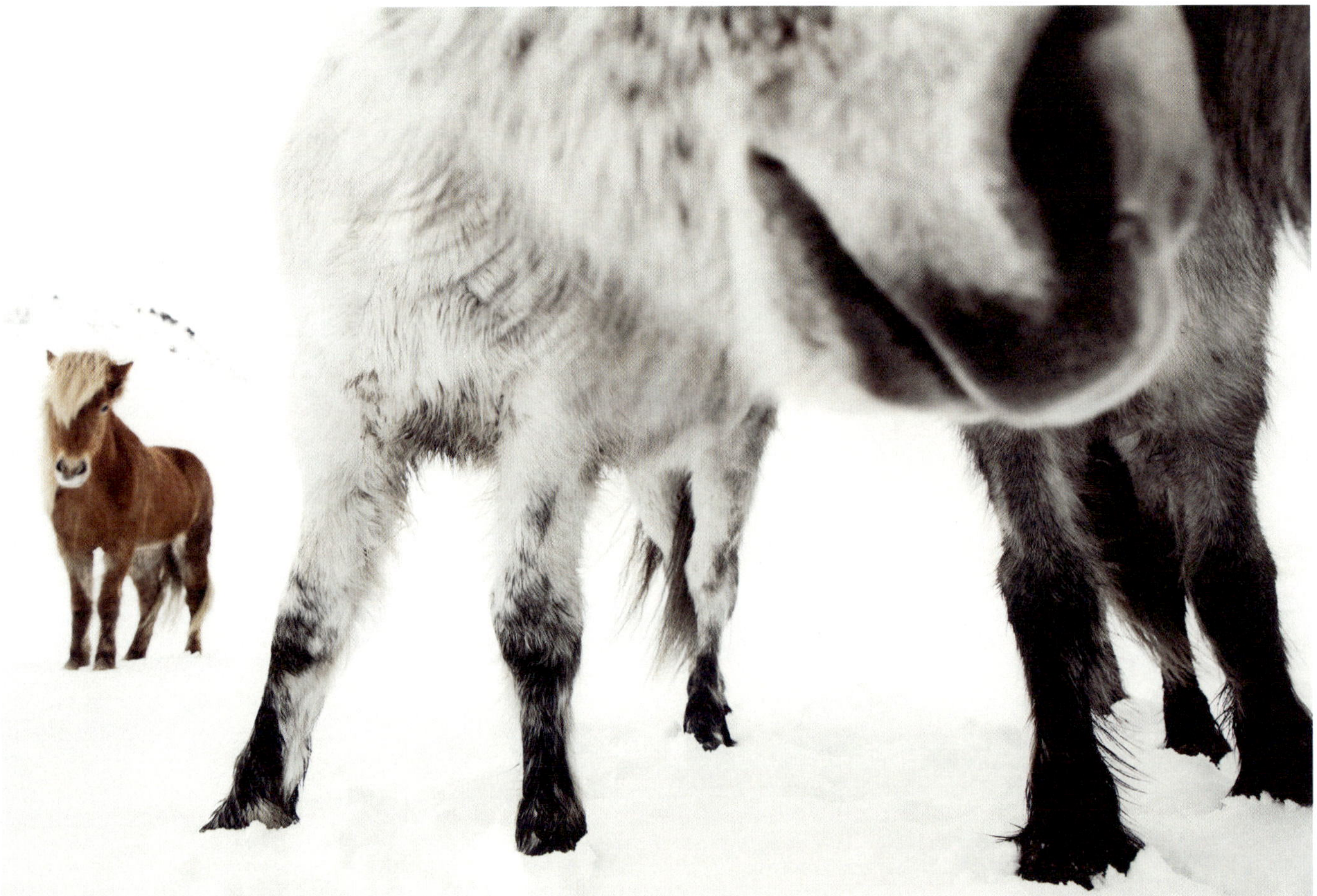

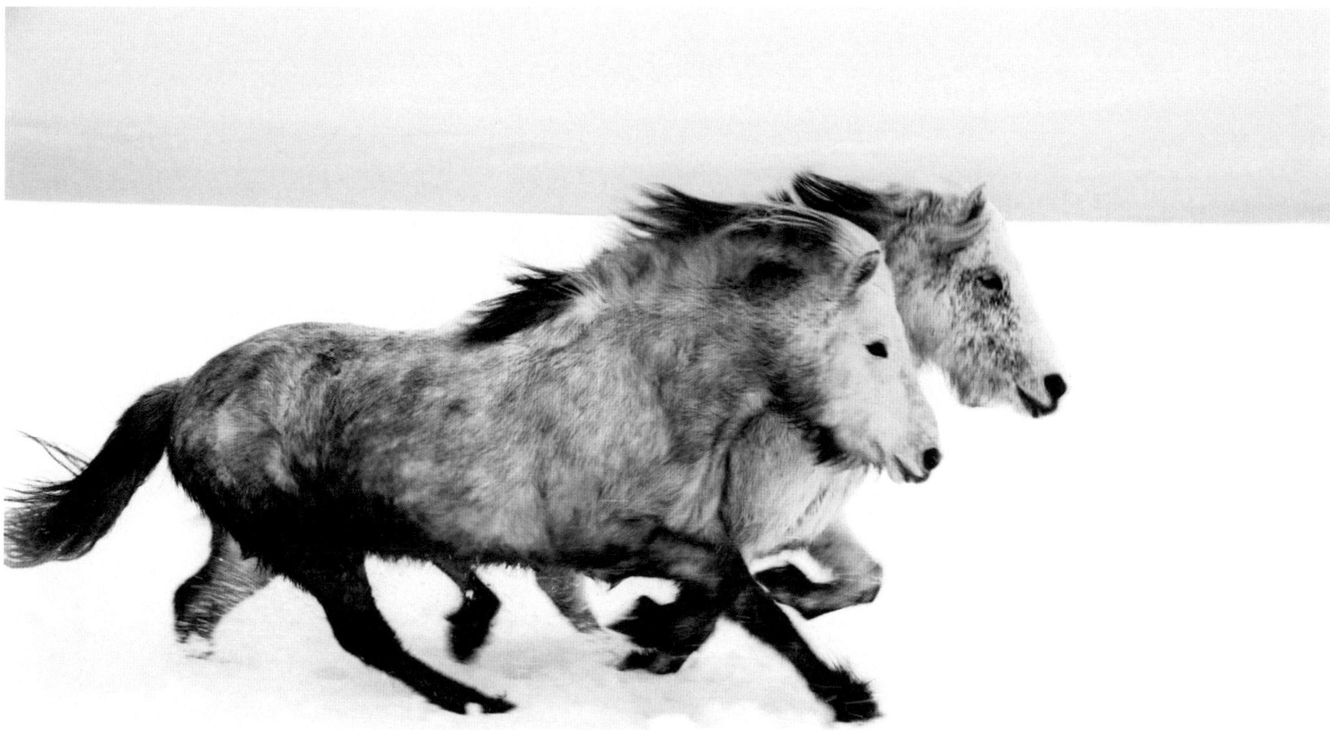

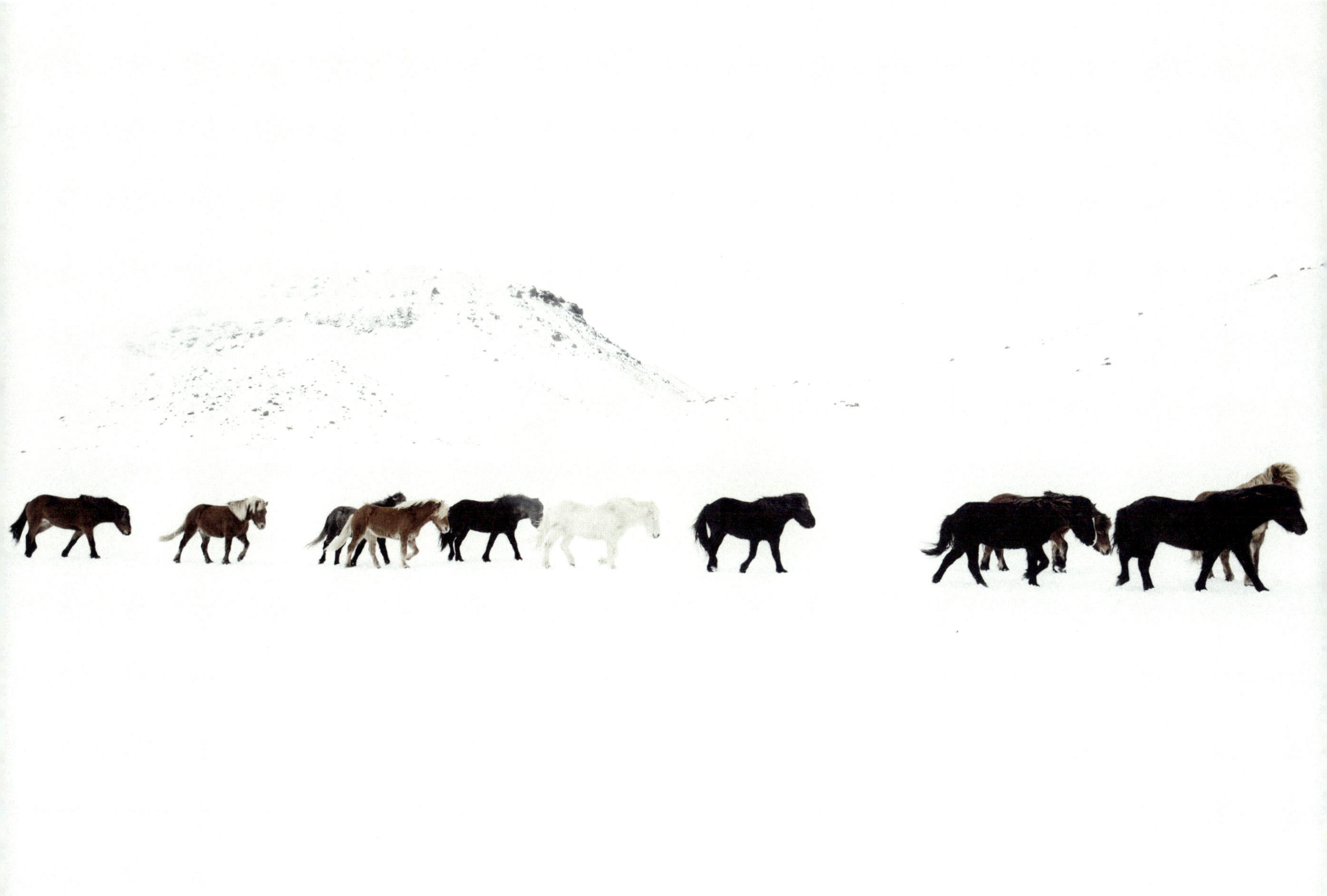

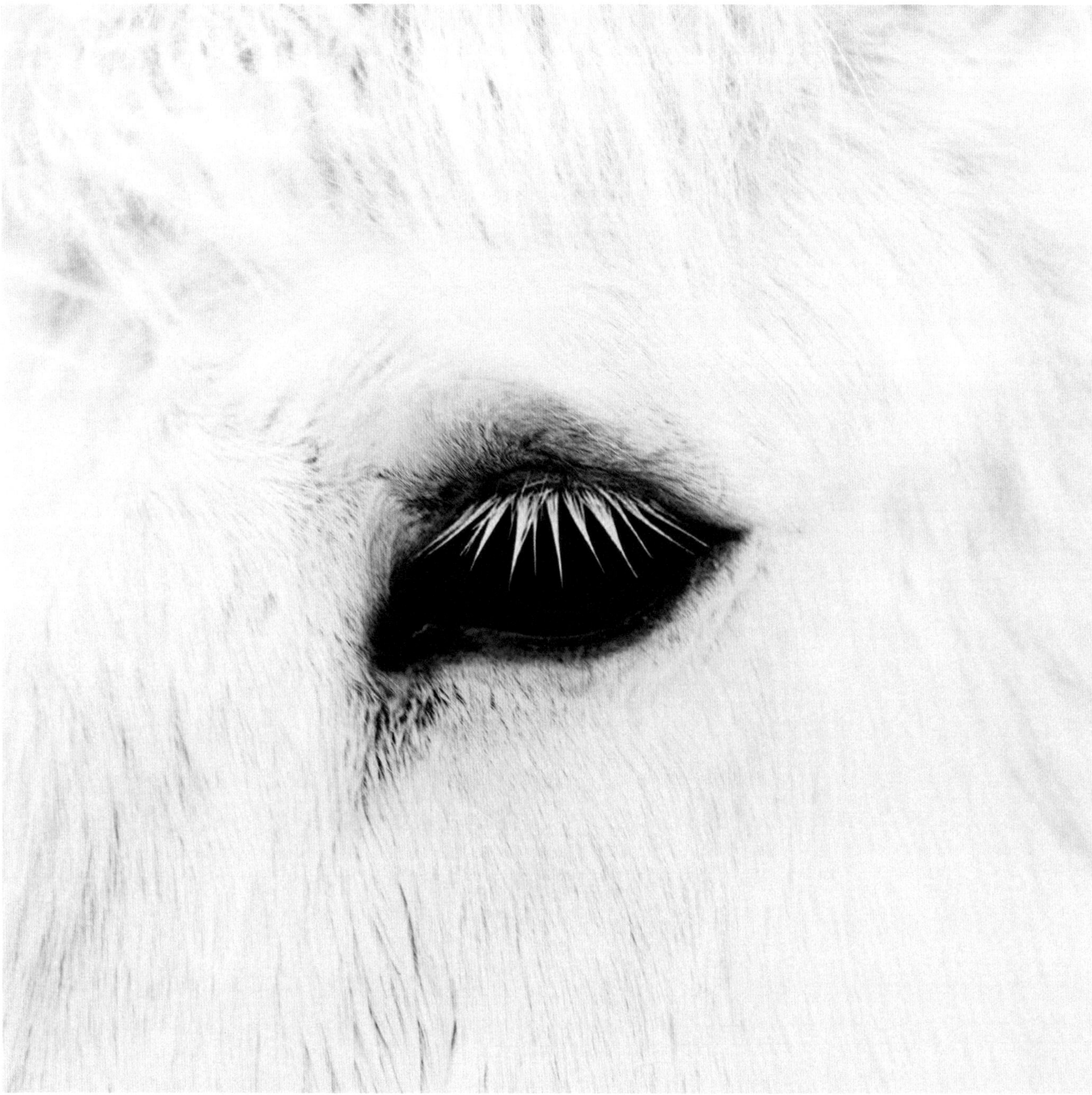

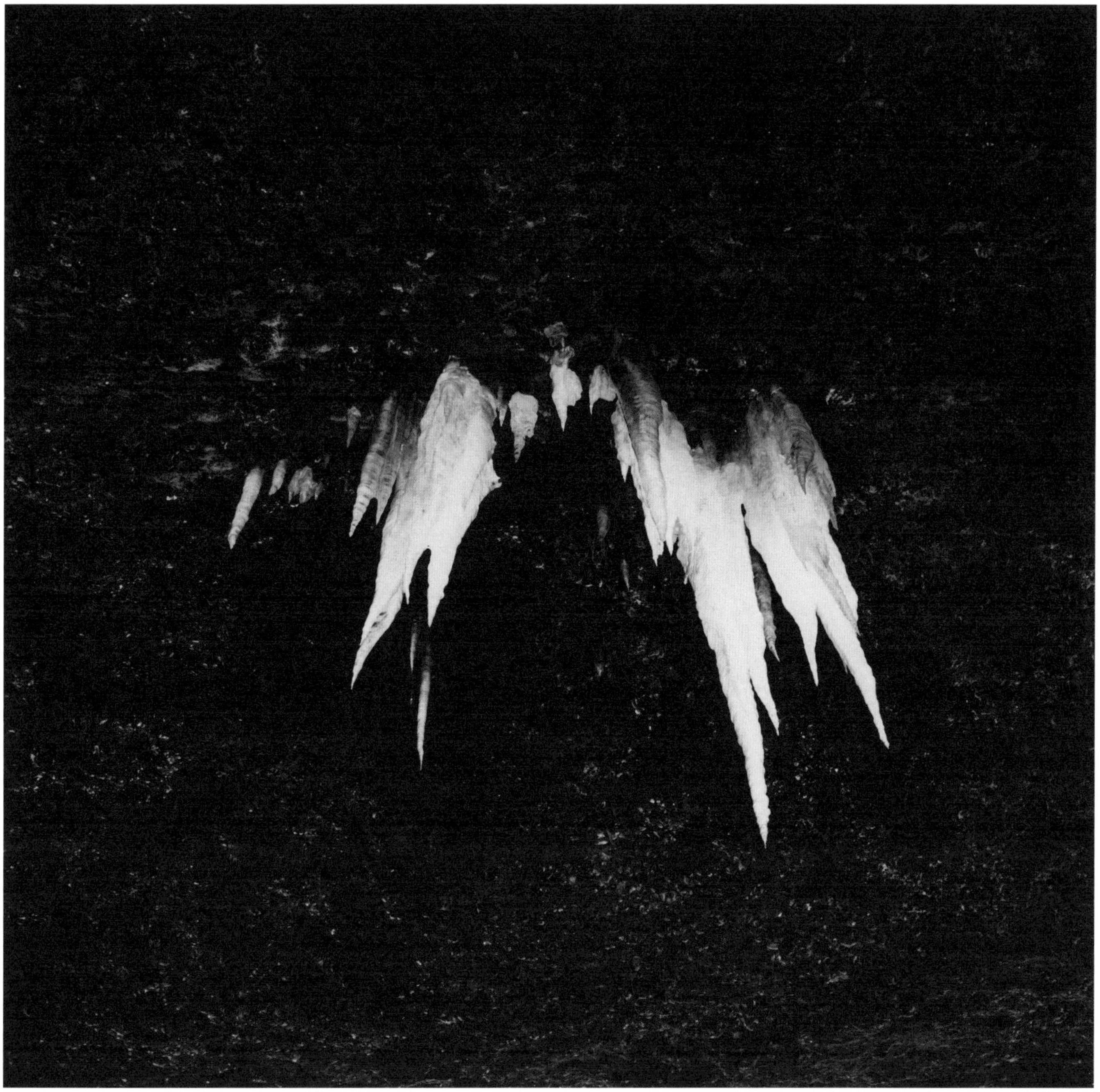

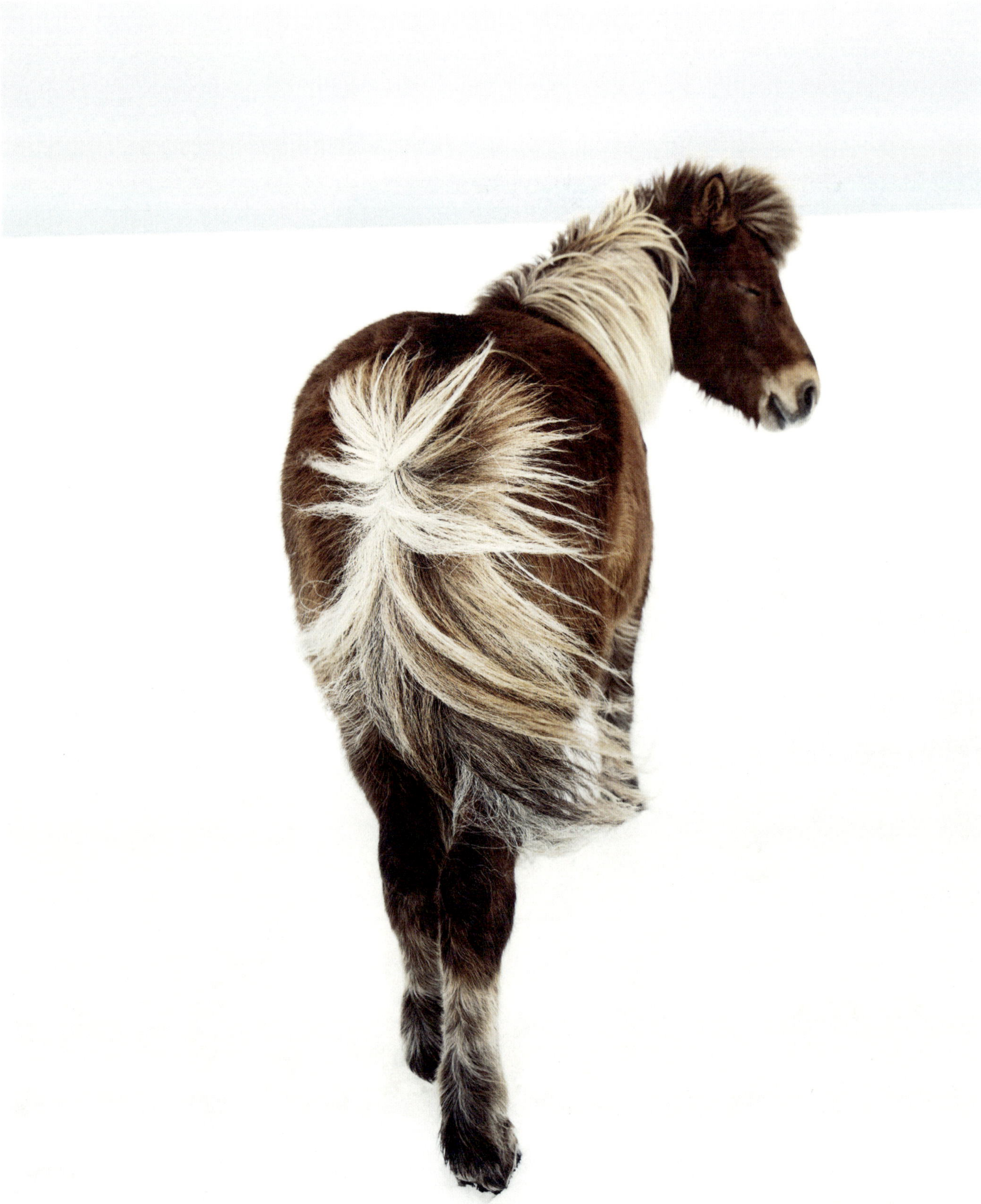

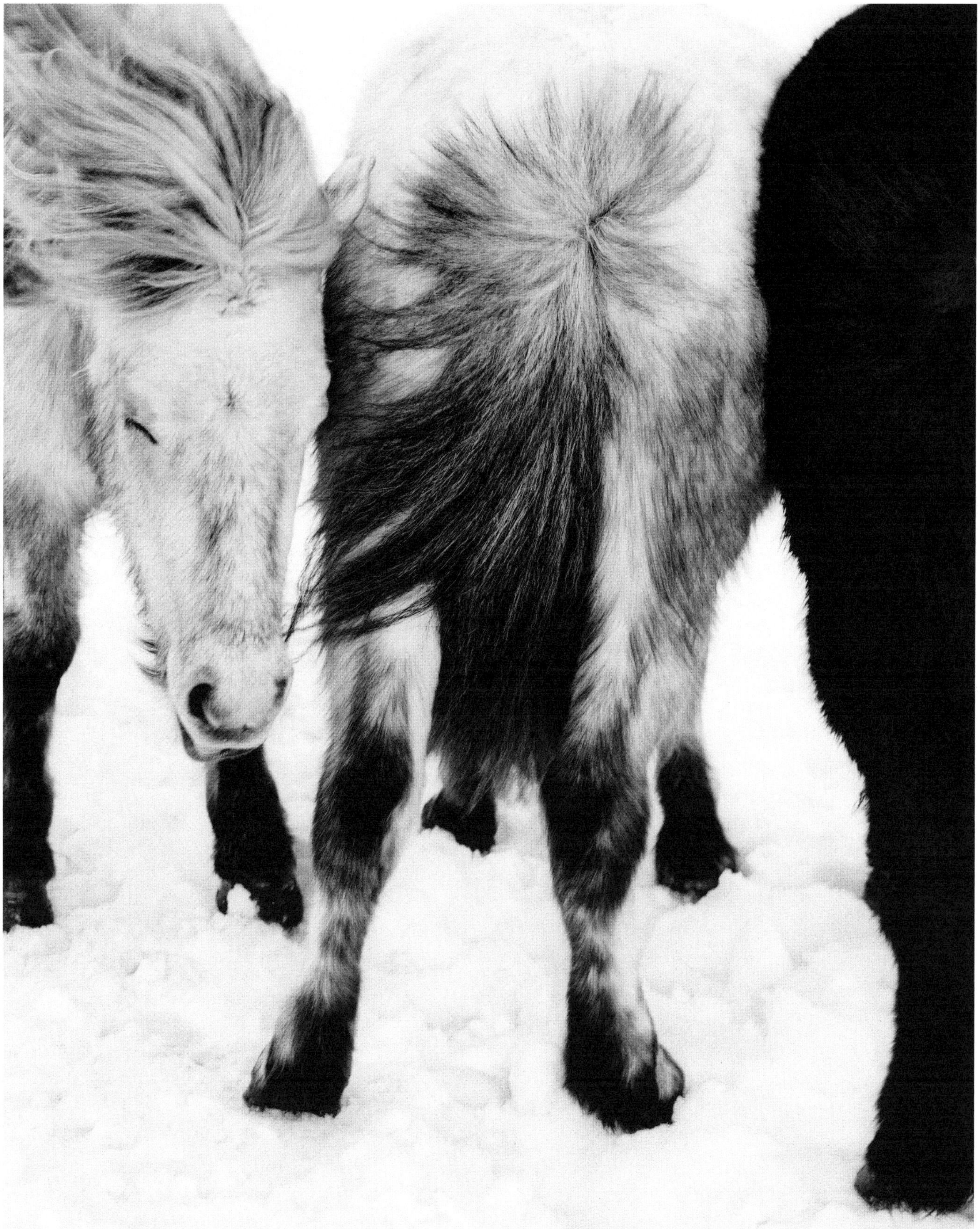

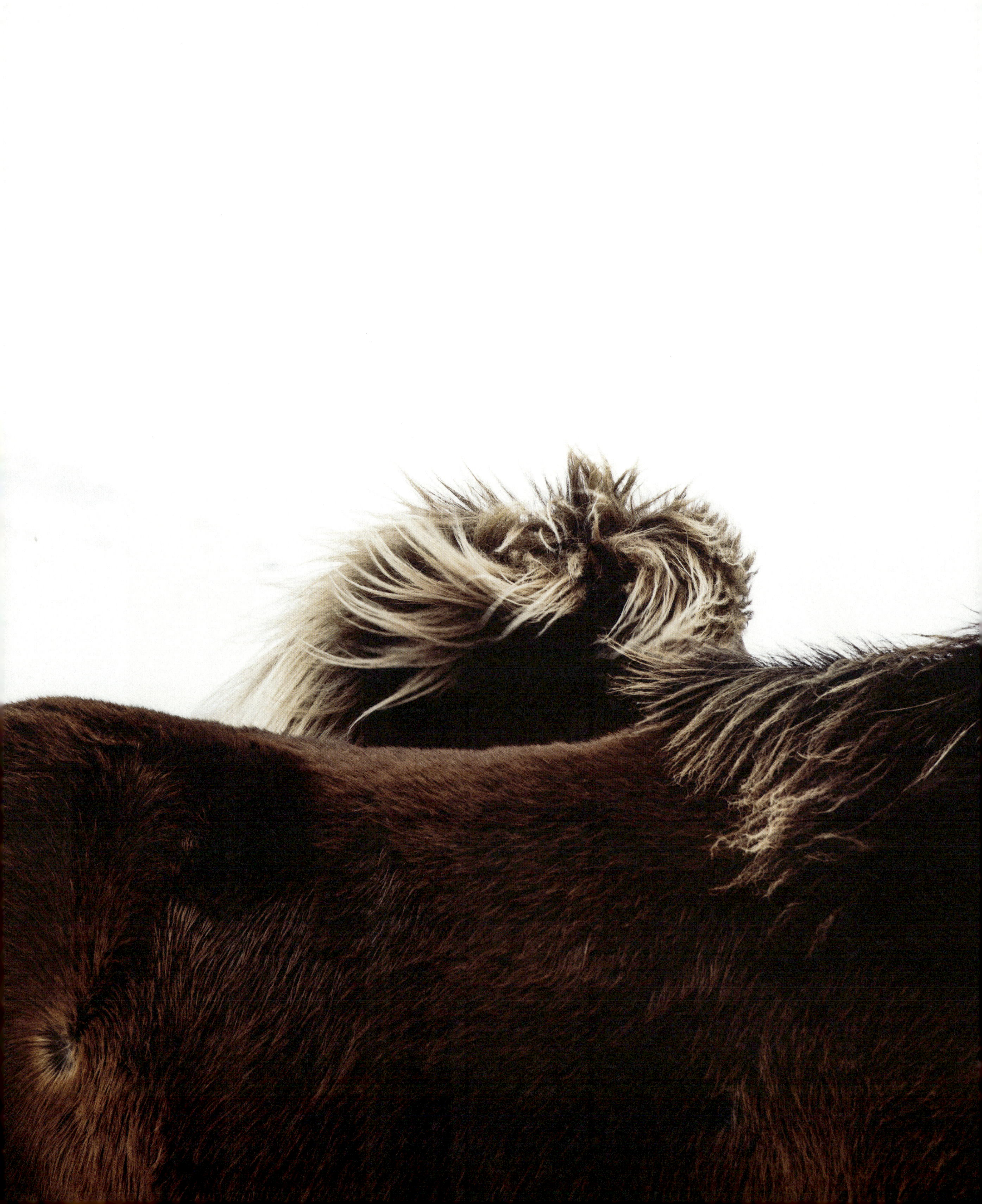

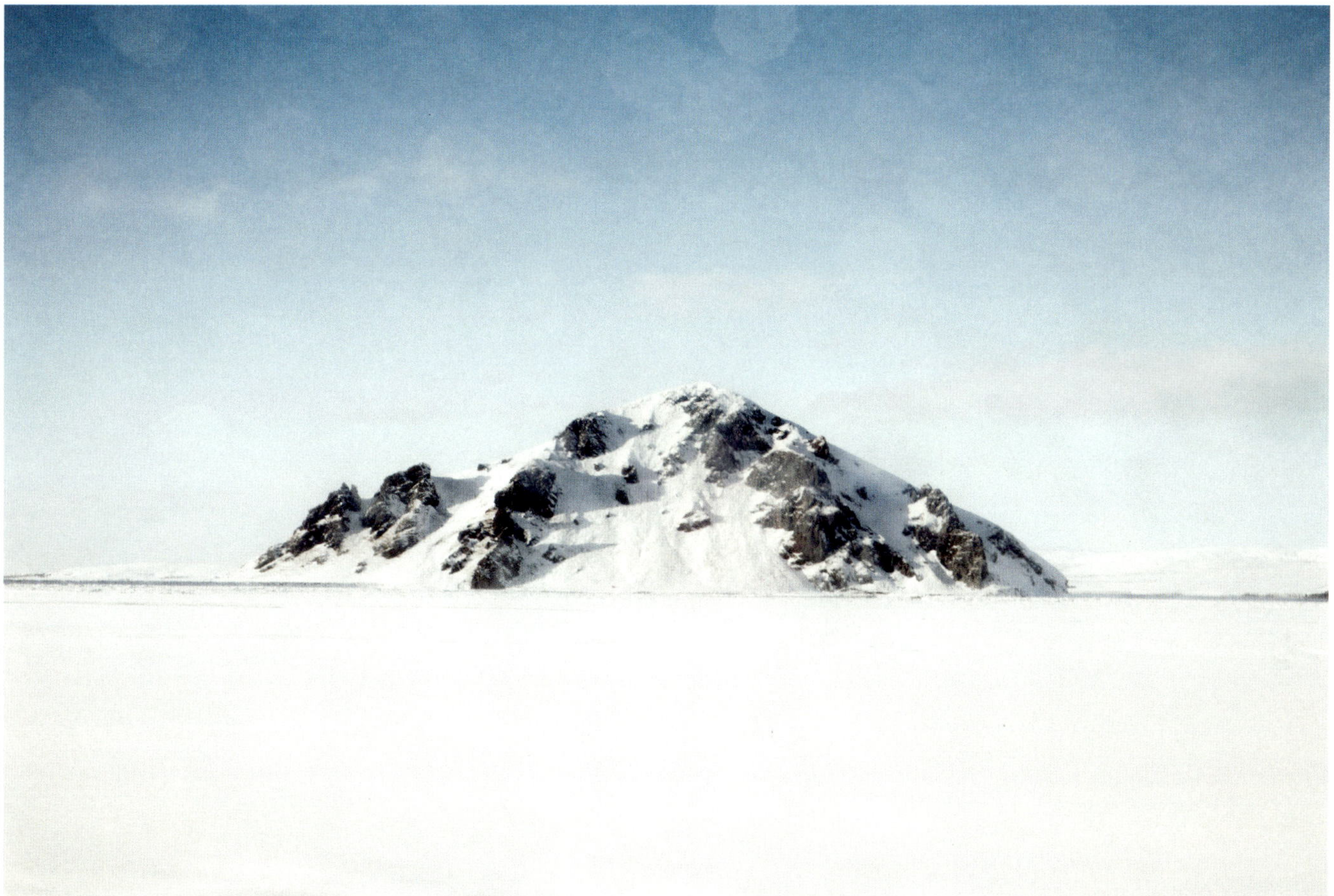

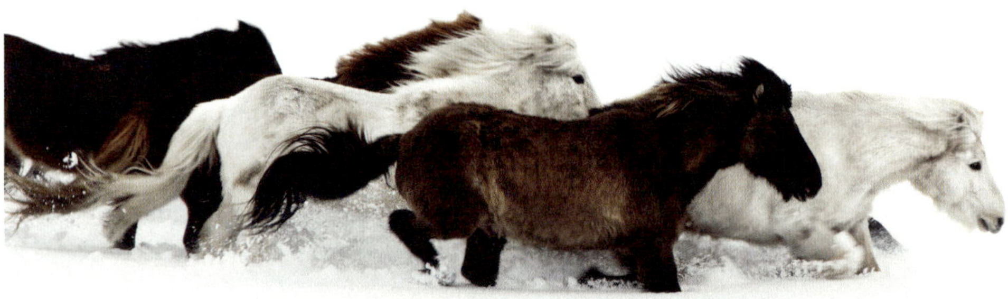

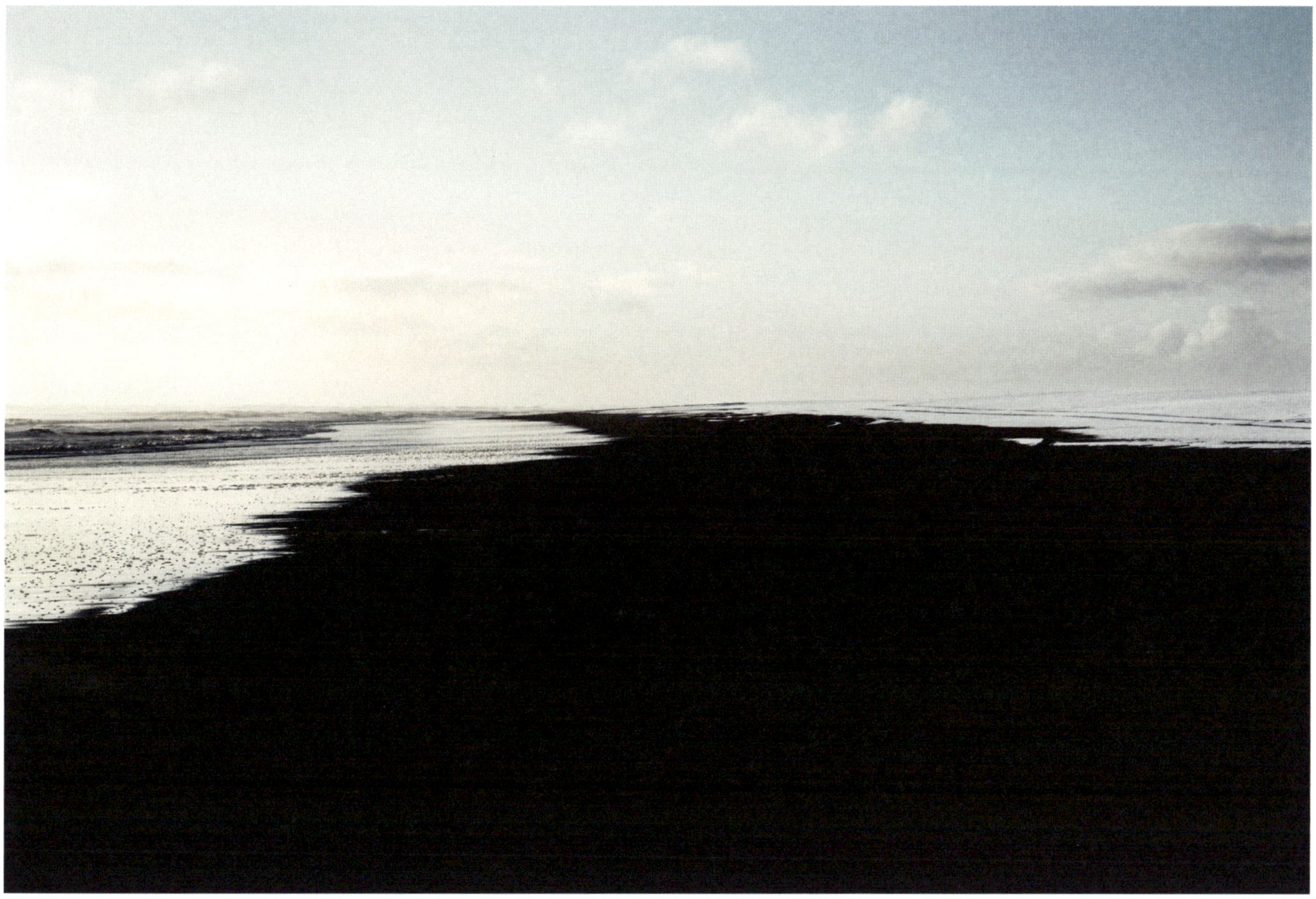

Hesturinn sem óttast hvorki reyk né eld

The horse that does not fear smoke or fire /*God Freyr's horse Blóðughófi*

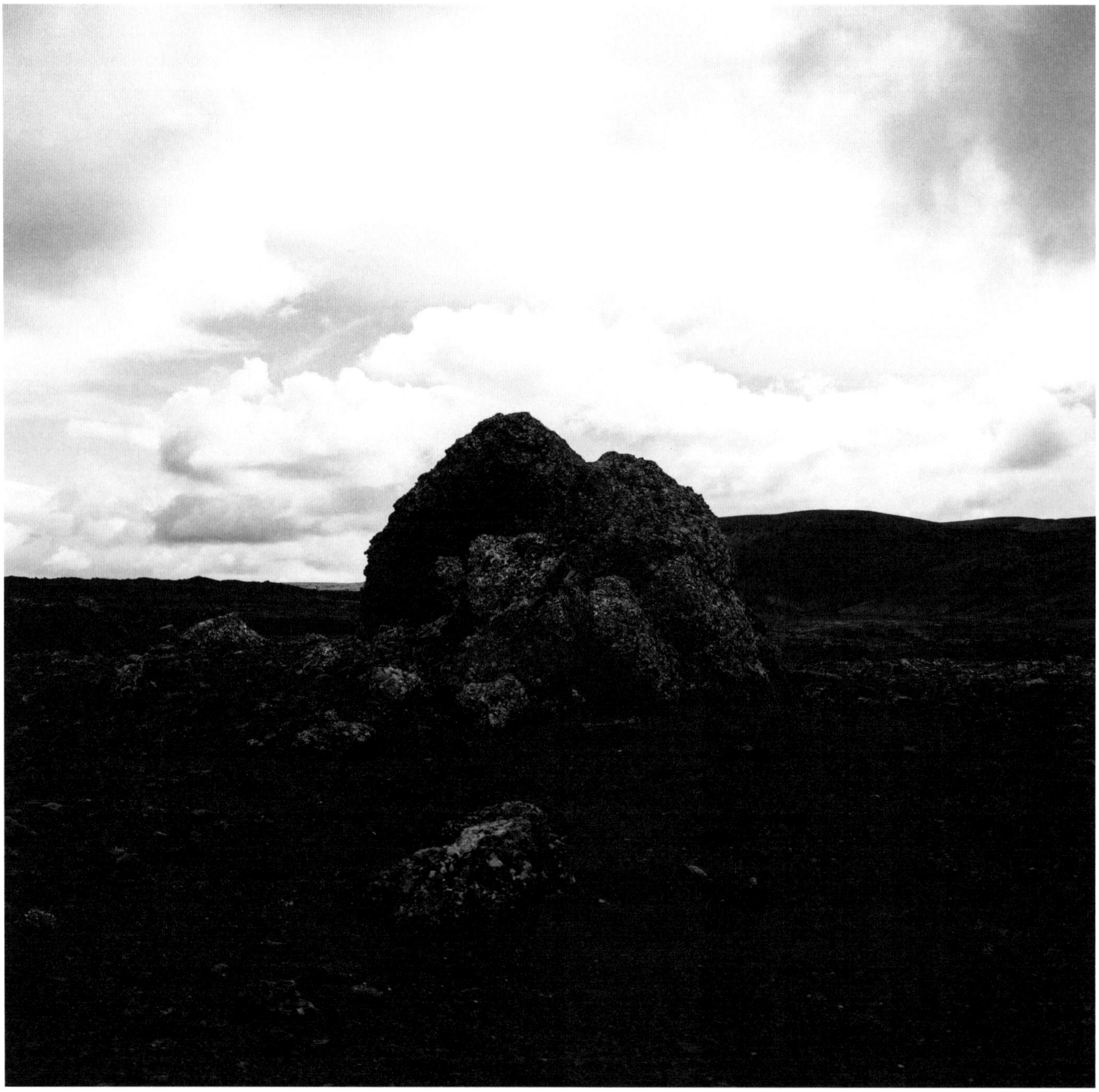

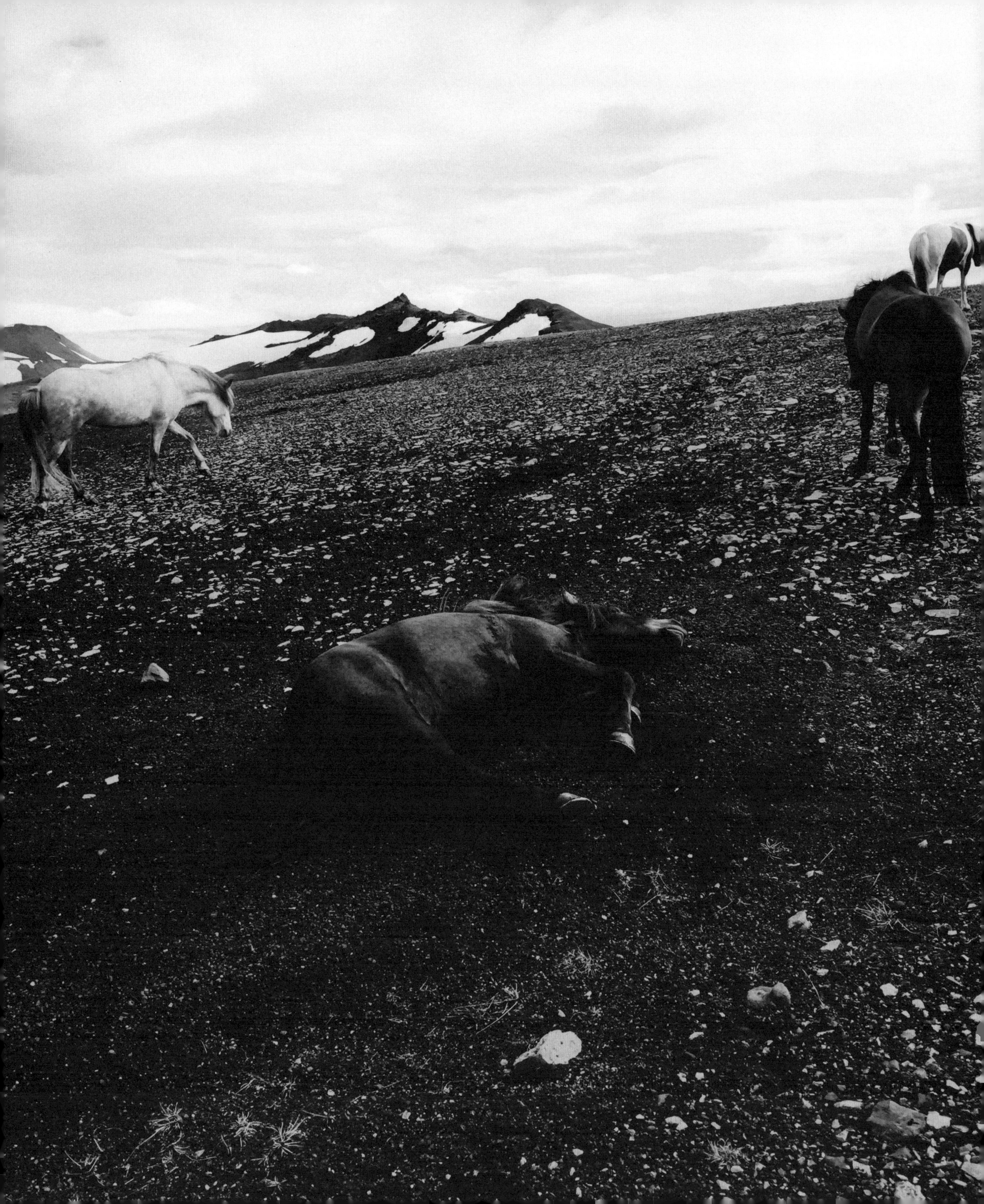

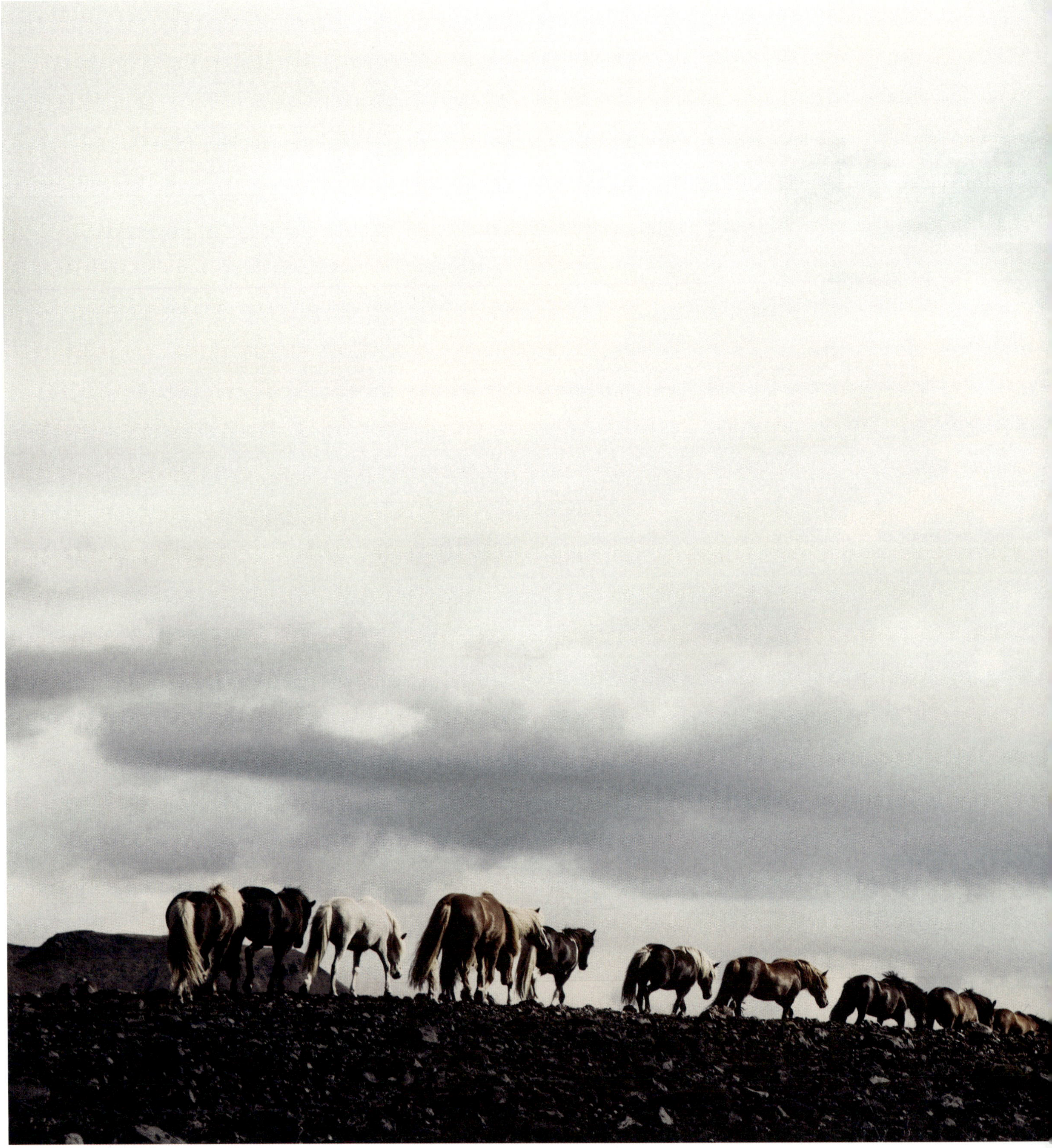

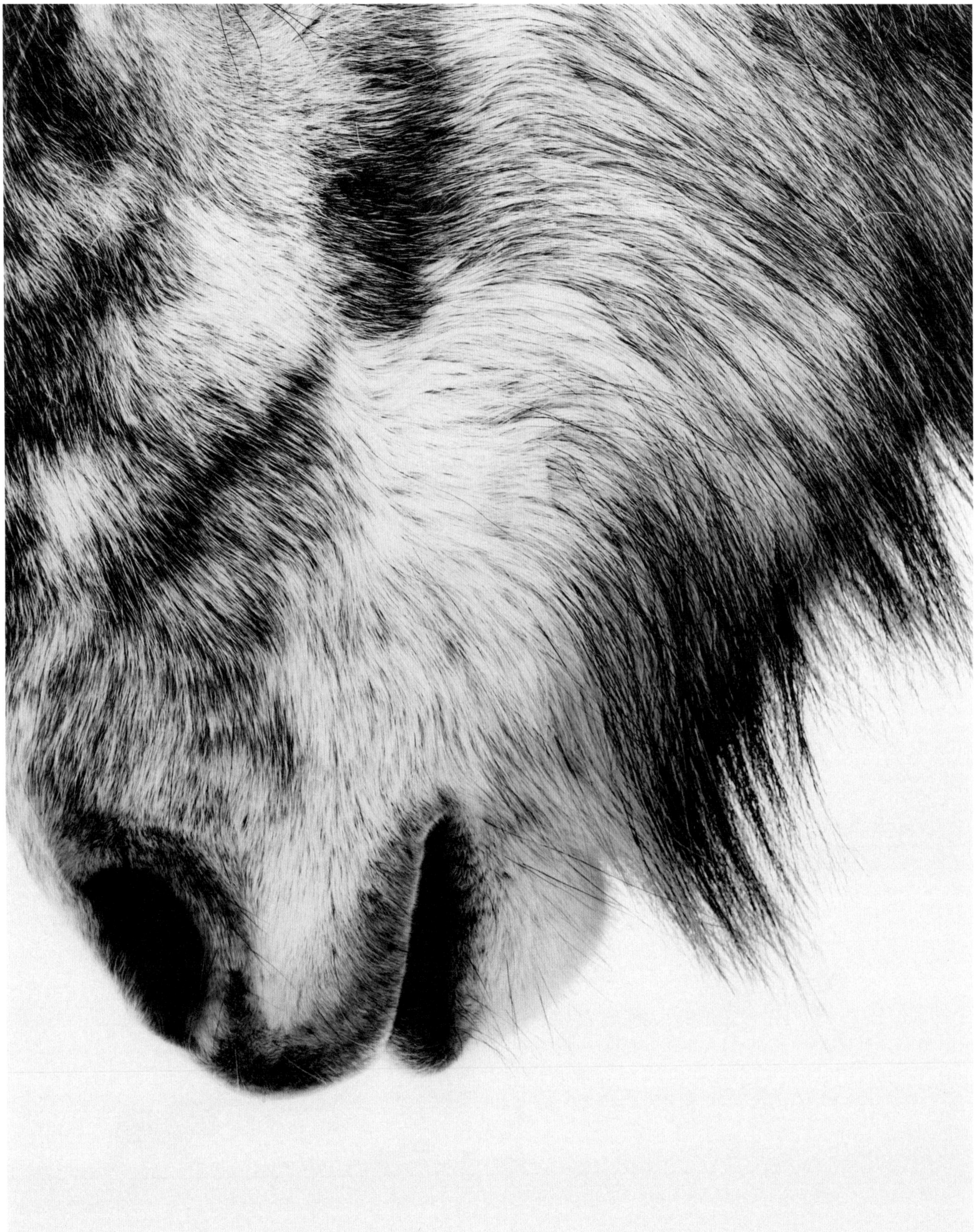

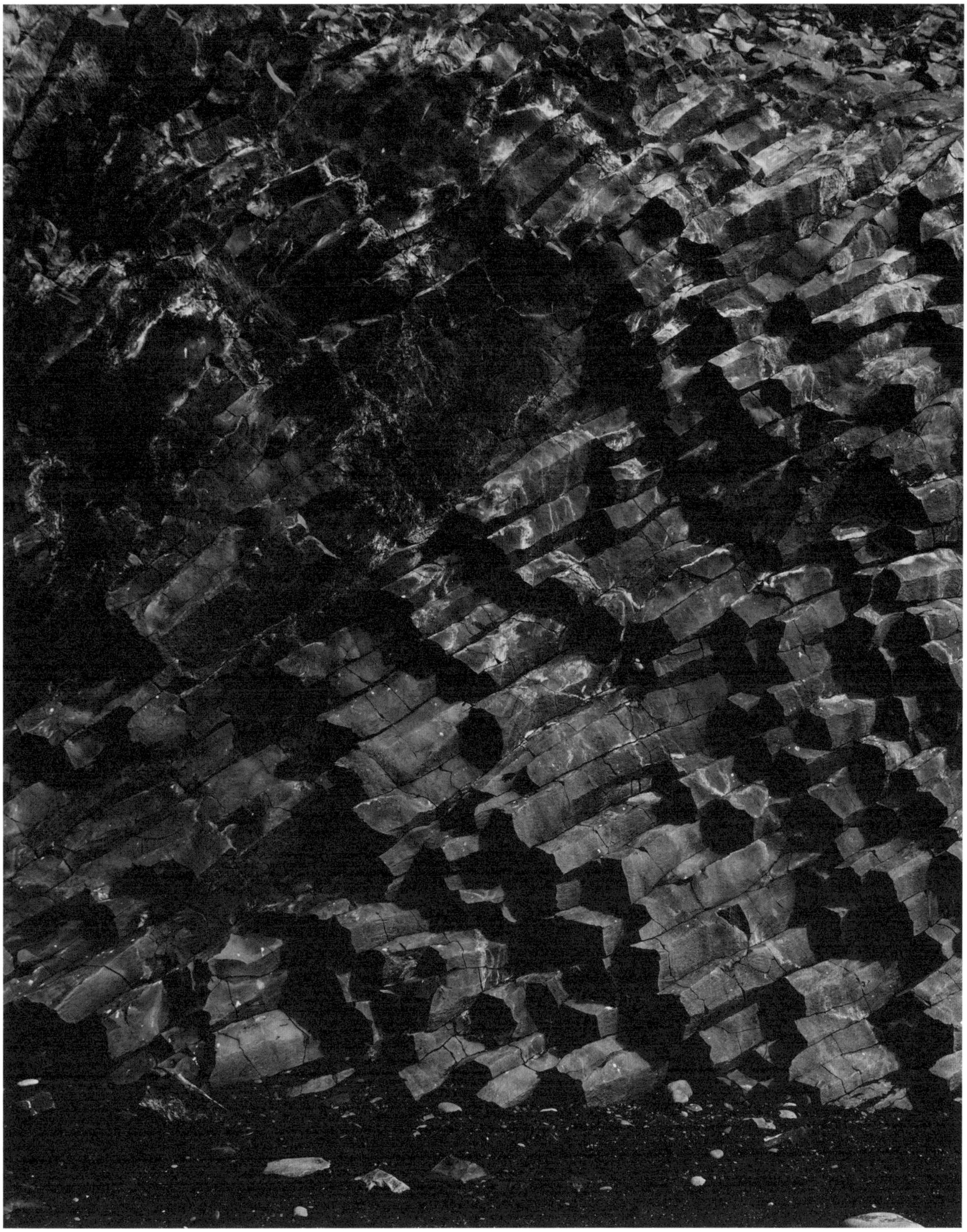

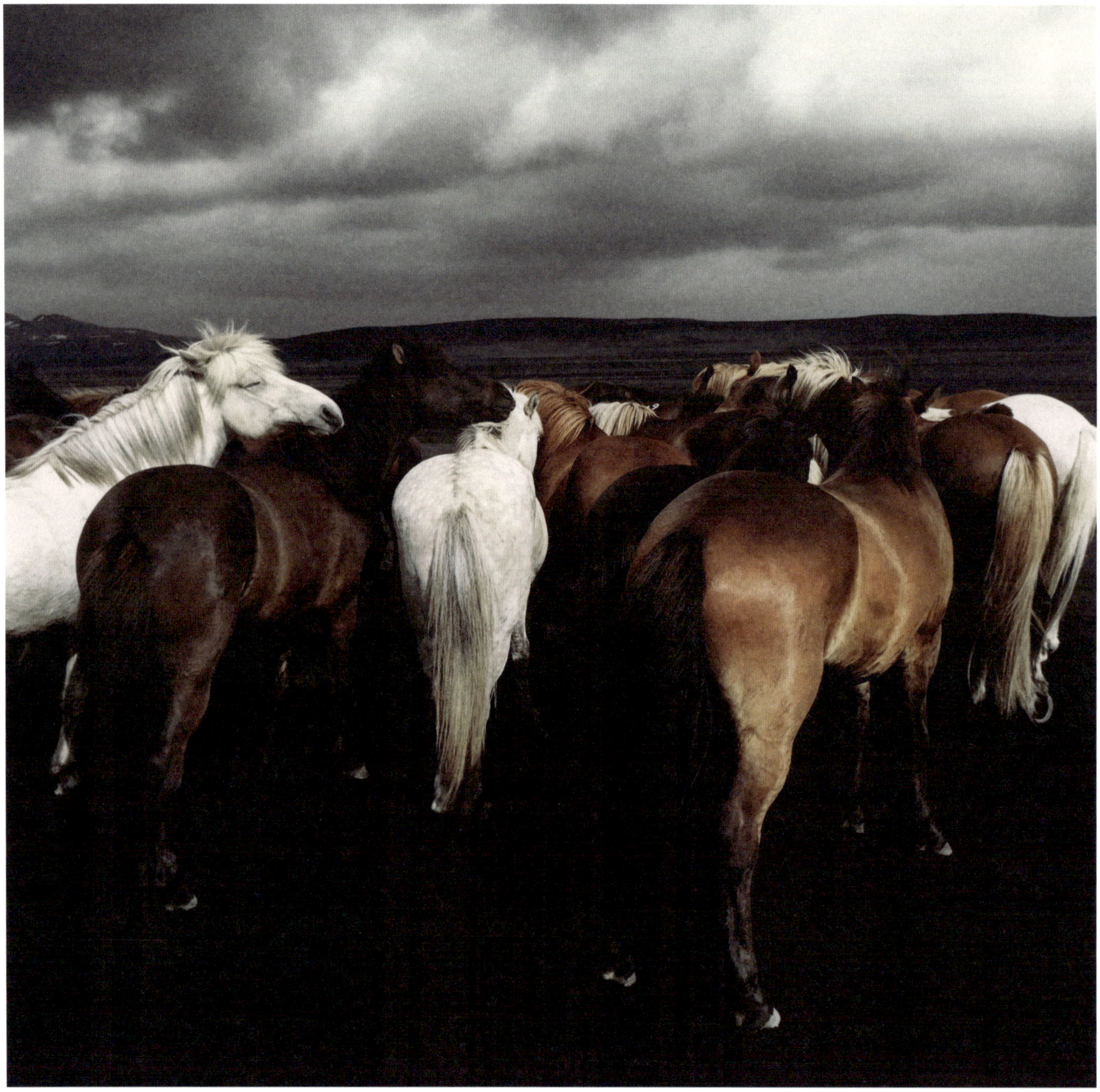

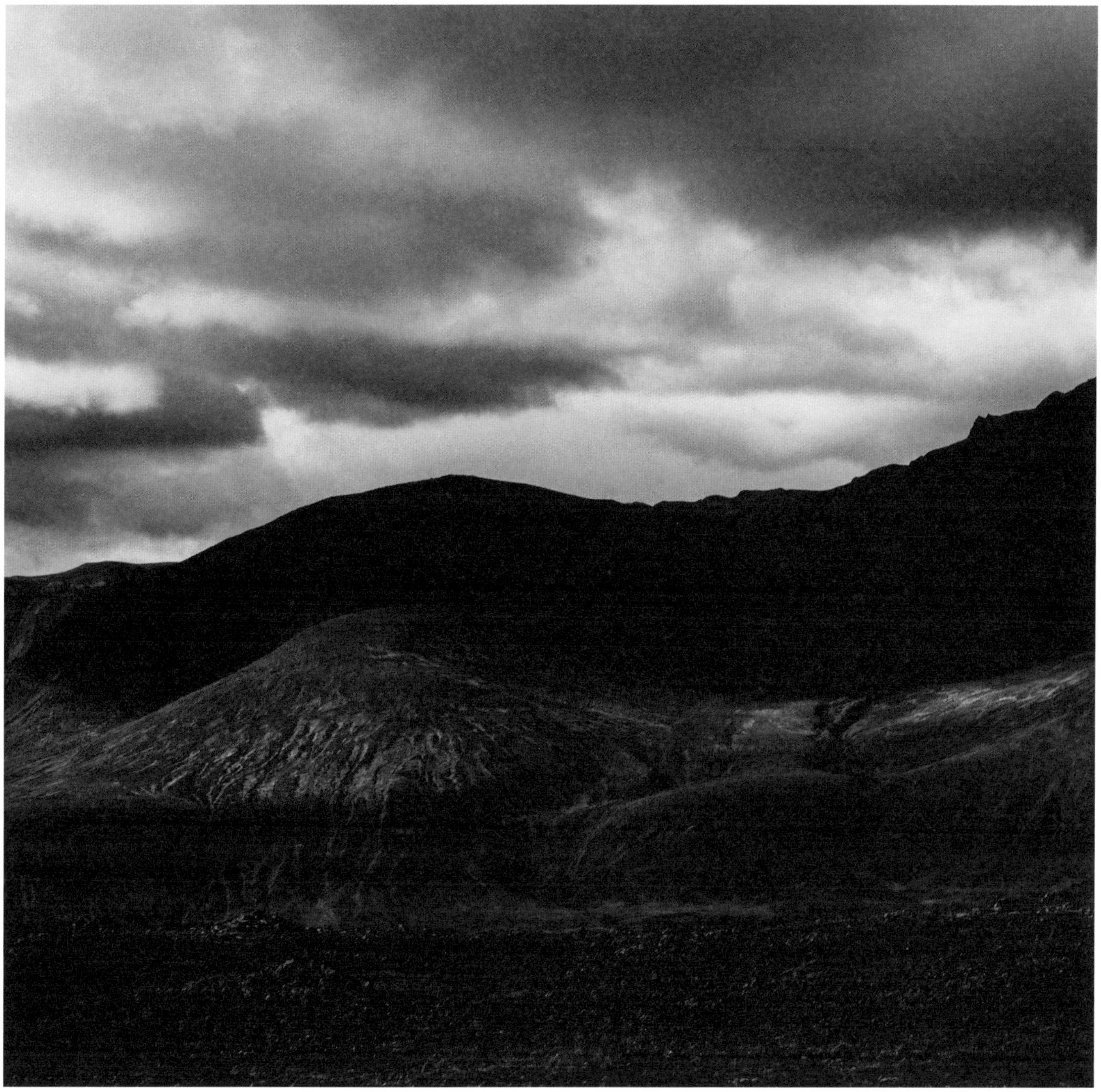

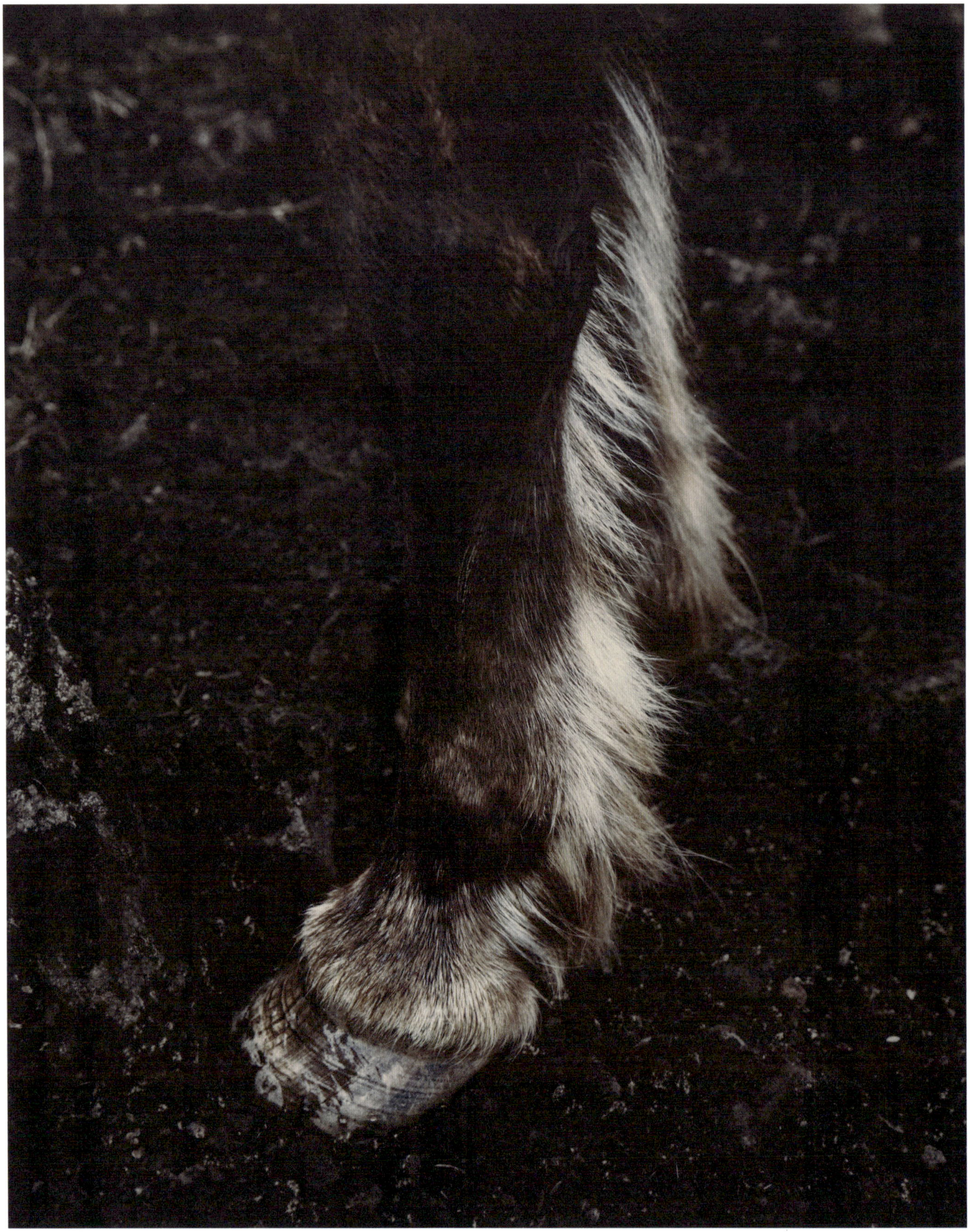

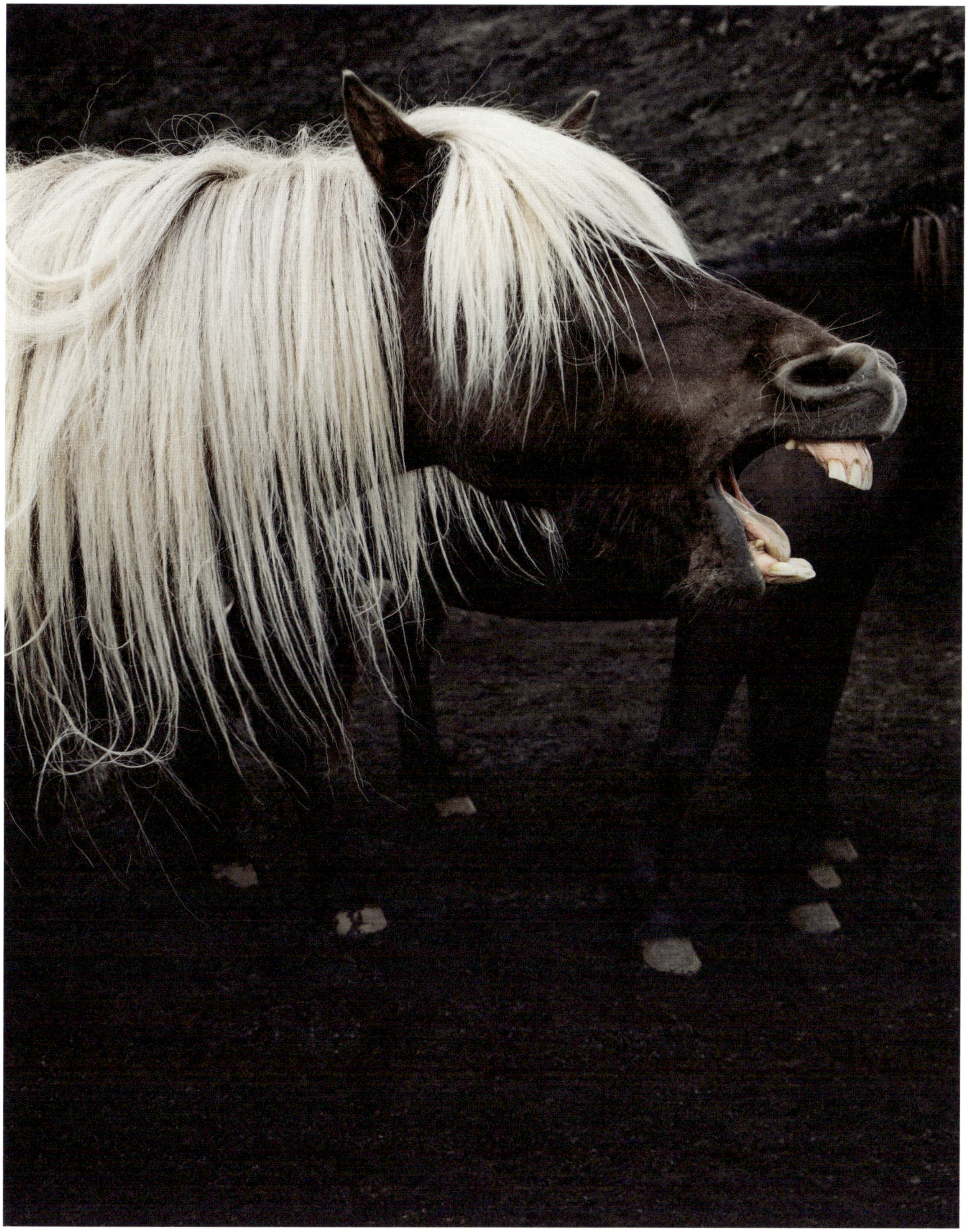

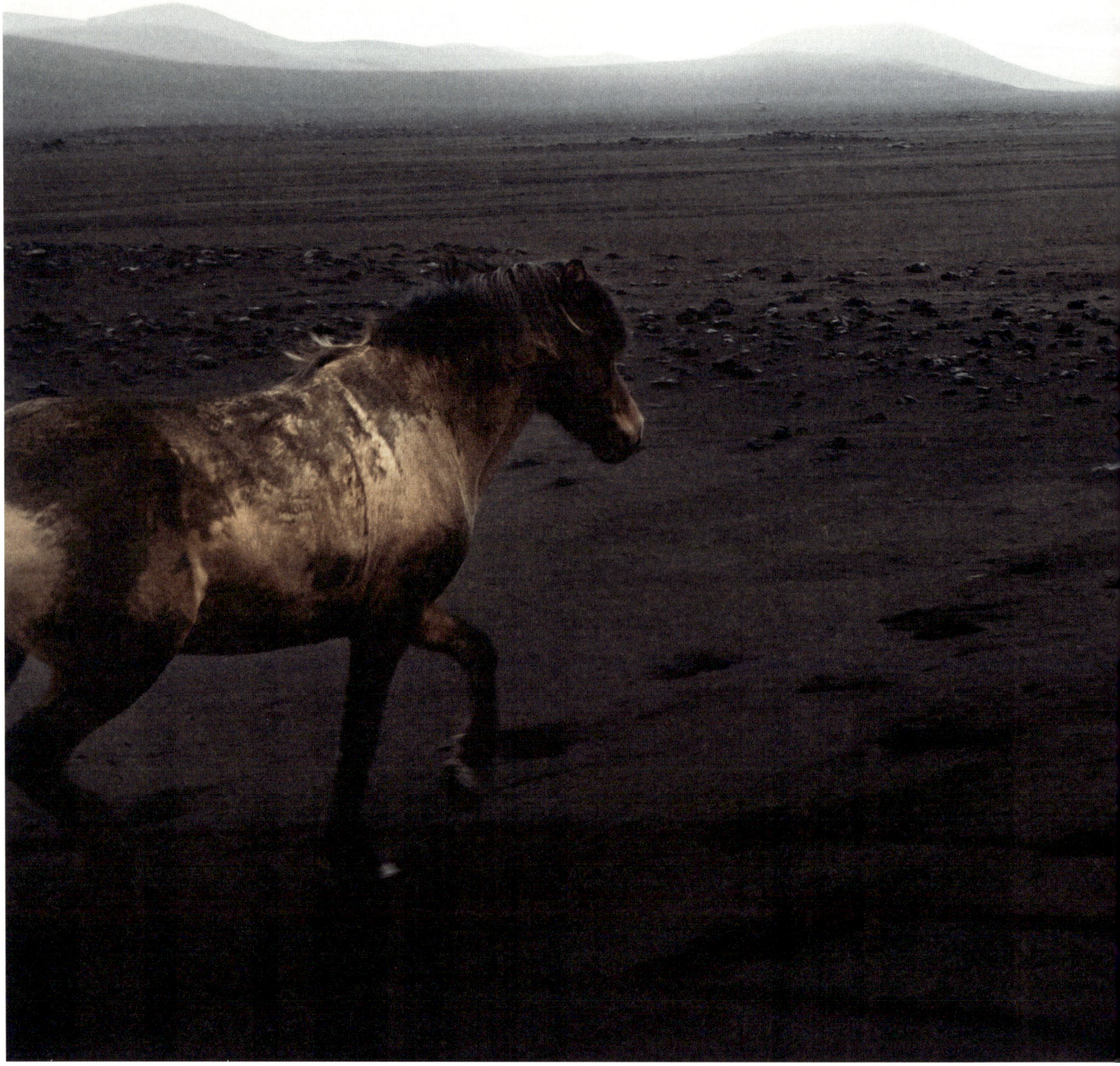

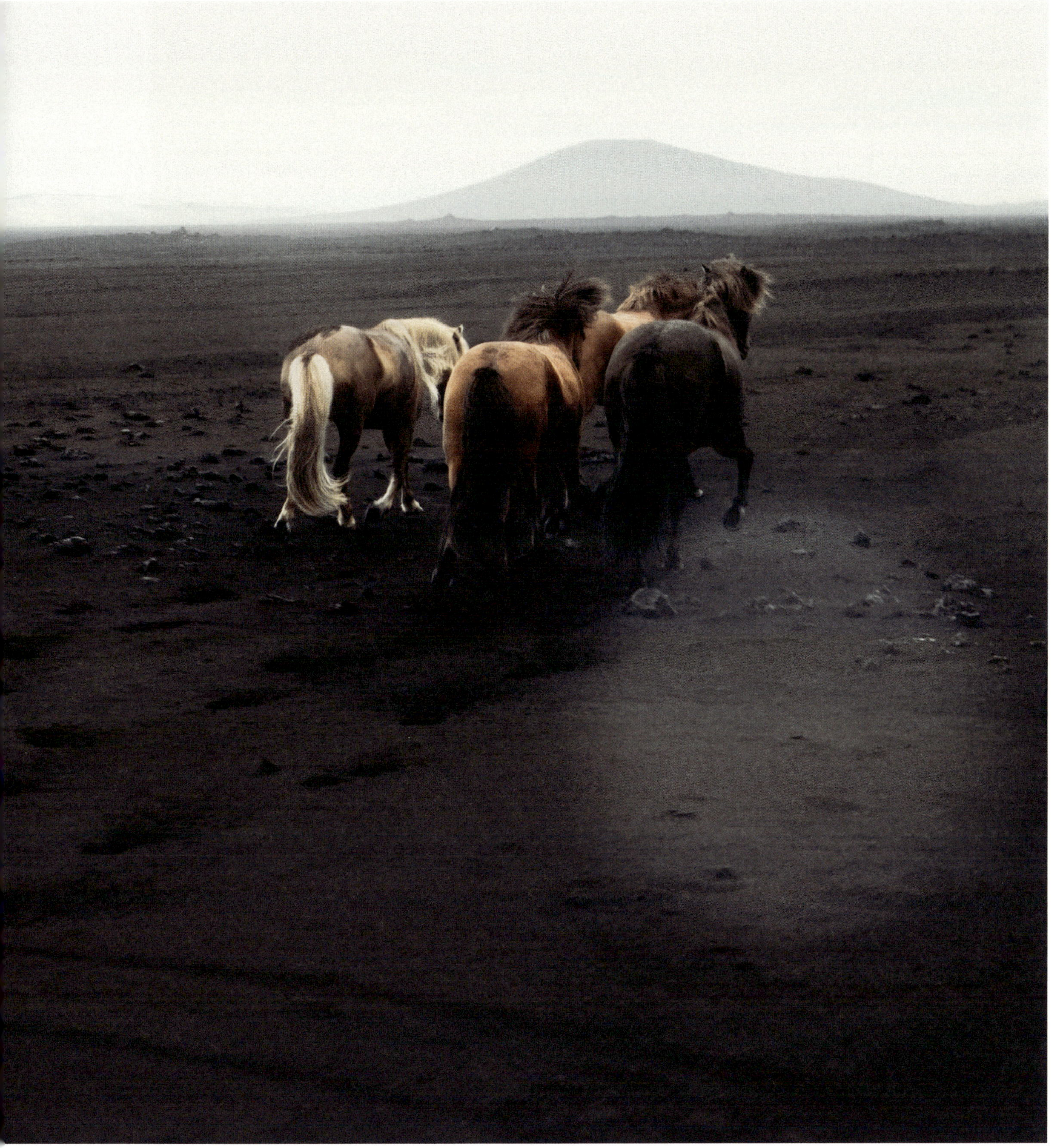

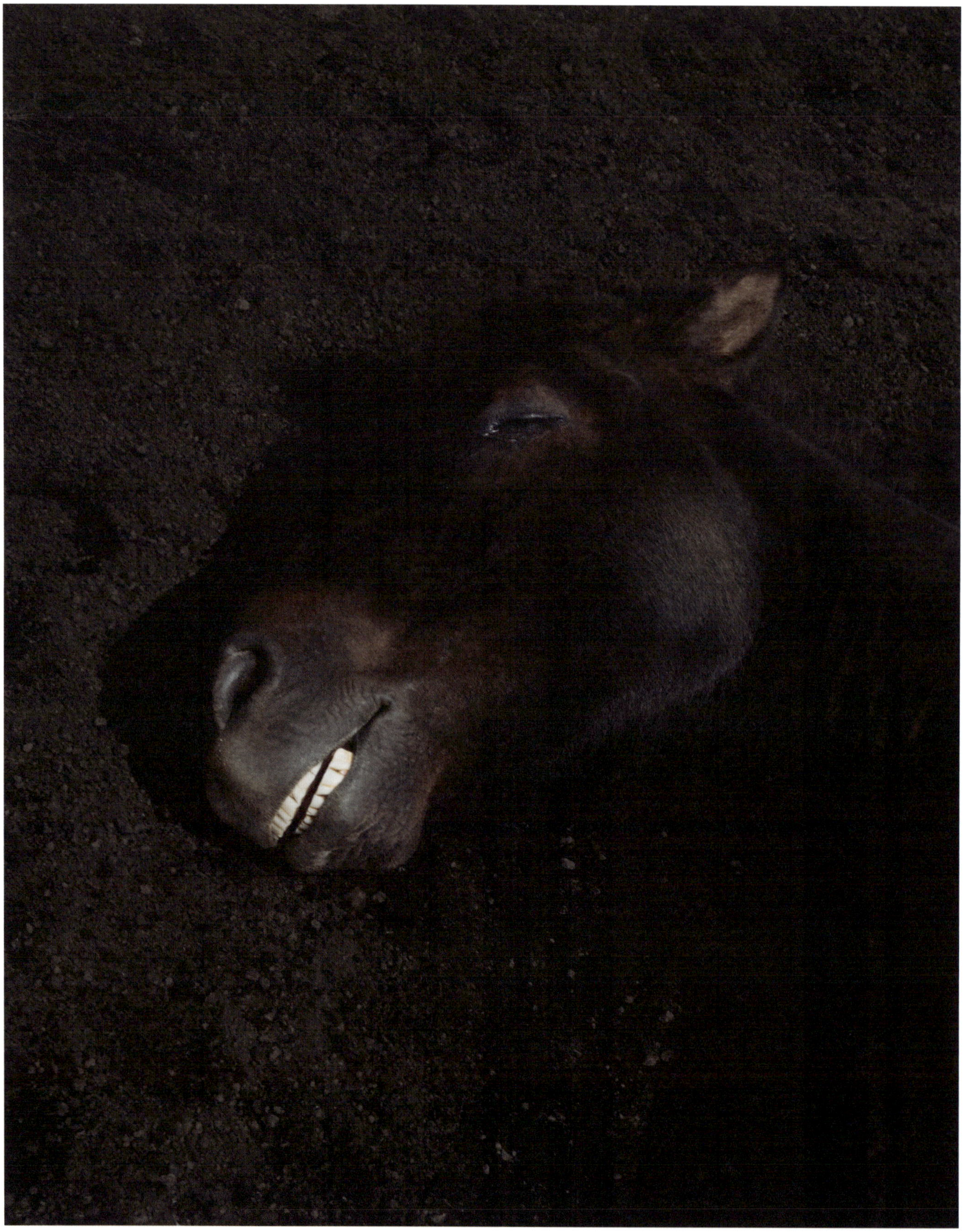

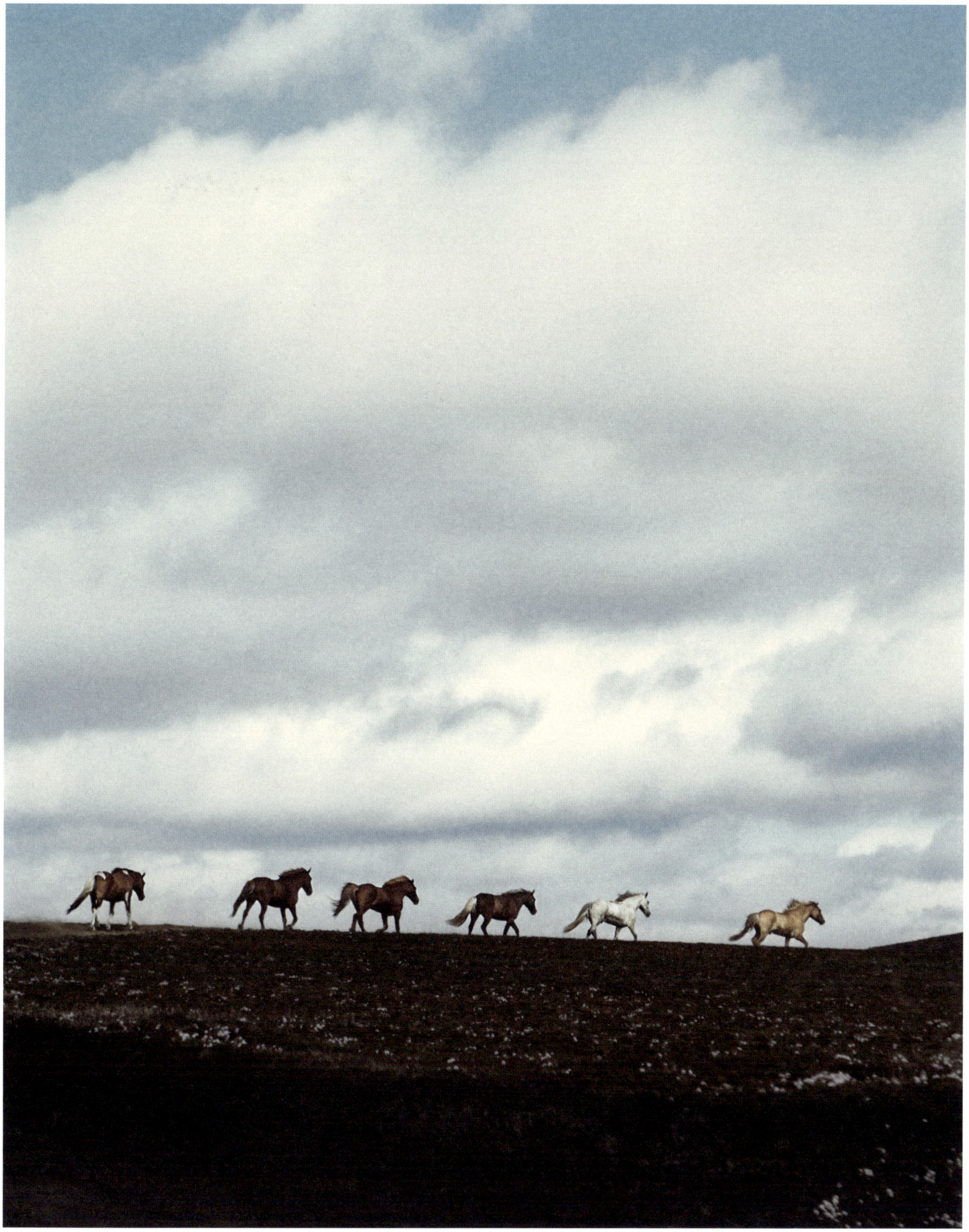

Hesturinn sem fær nóttina til að skella á

The horse that makes night fall across the sky /*Goddess Nótt's horse Hrímfaxi*

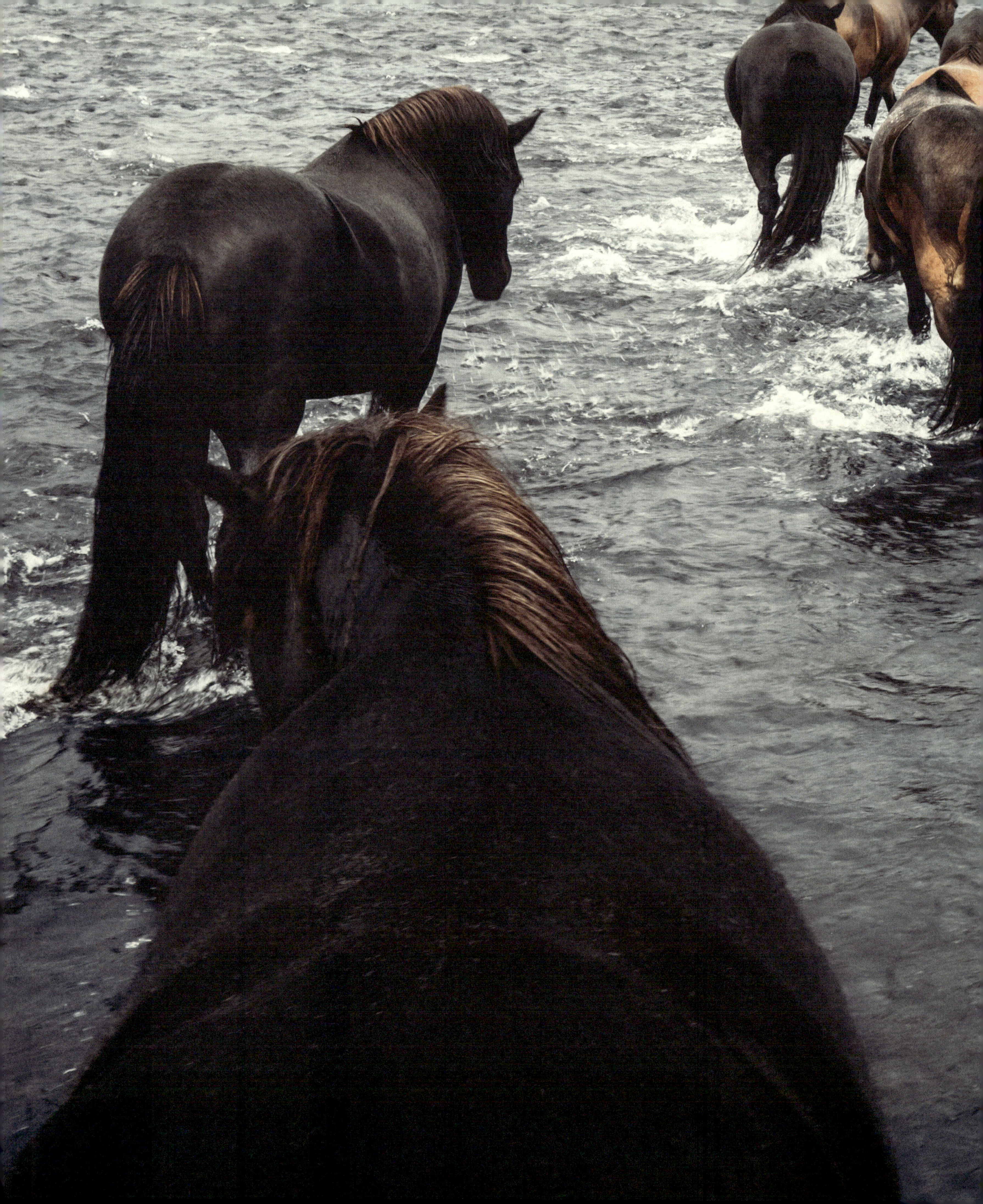

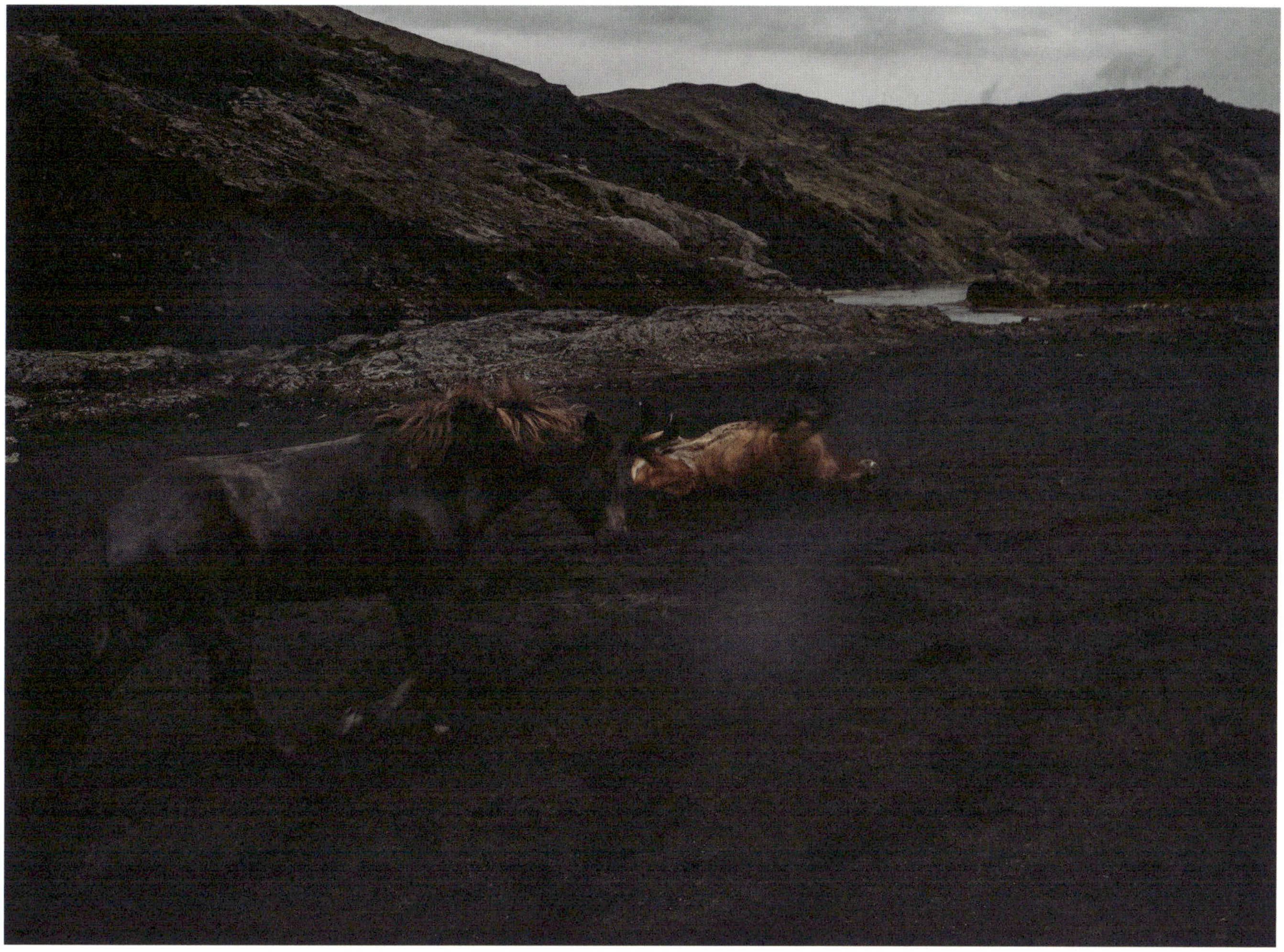

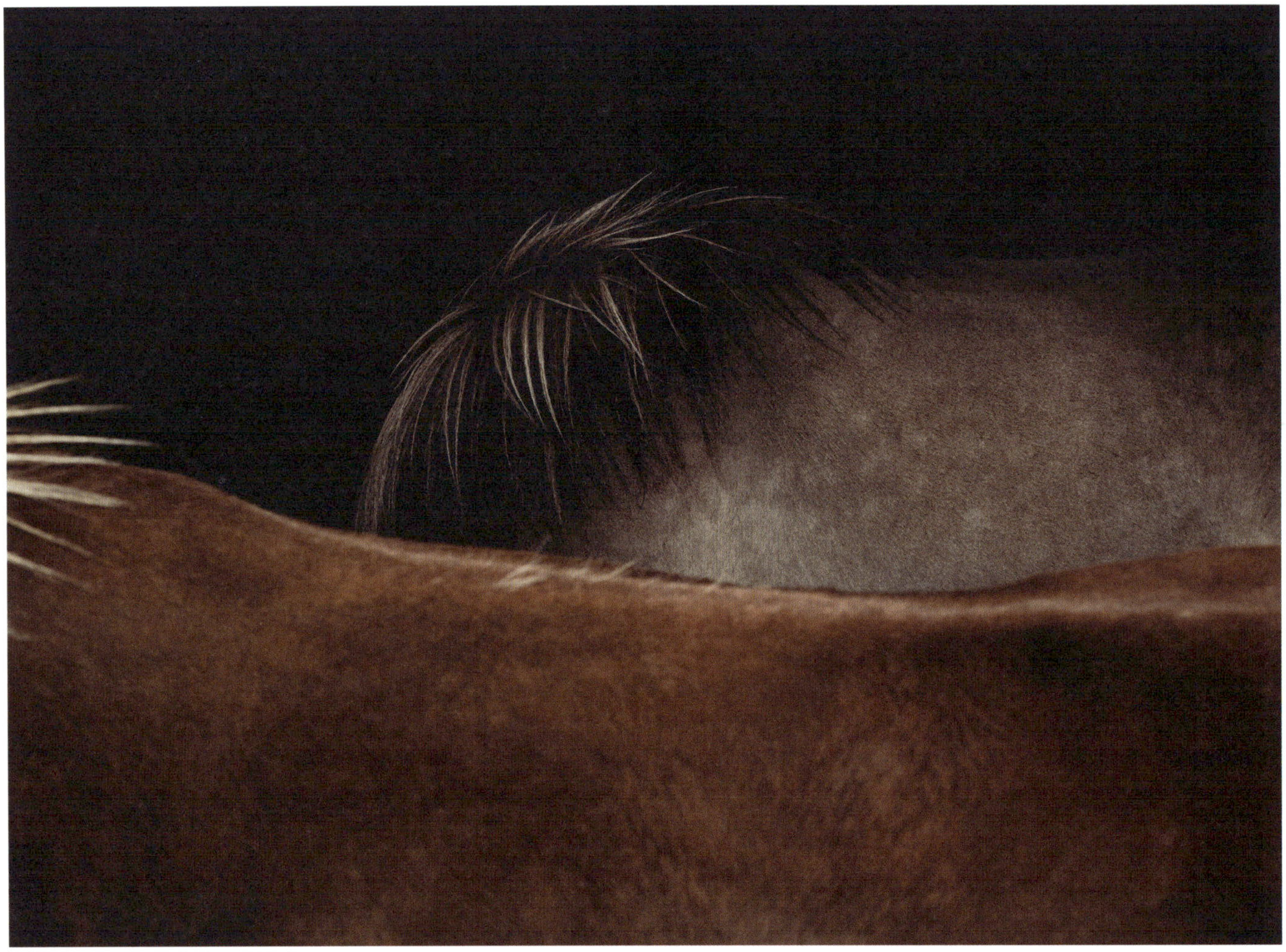

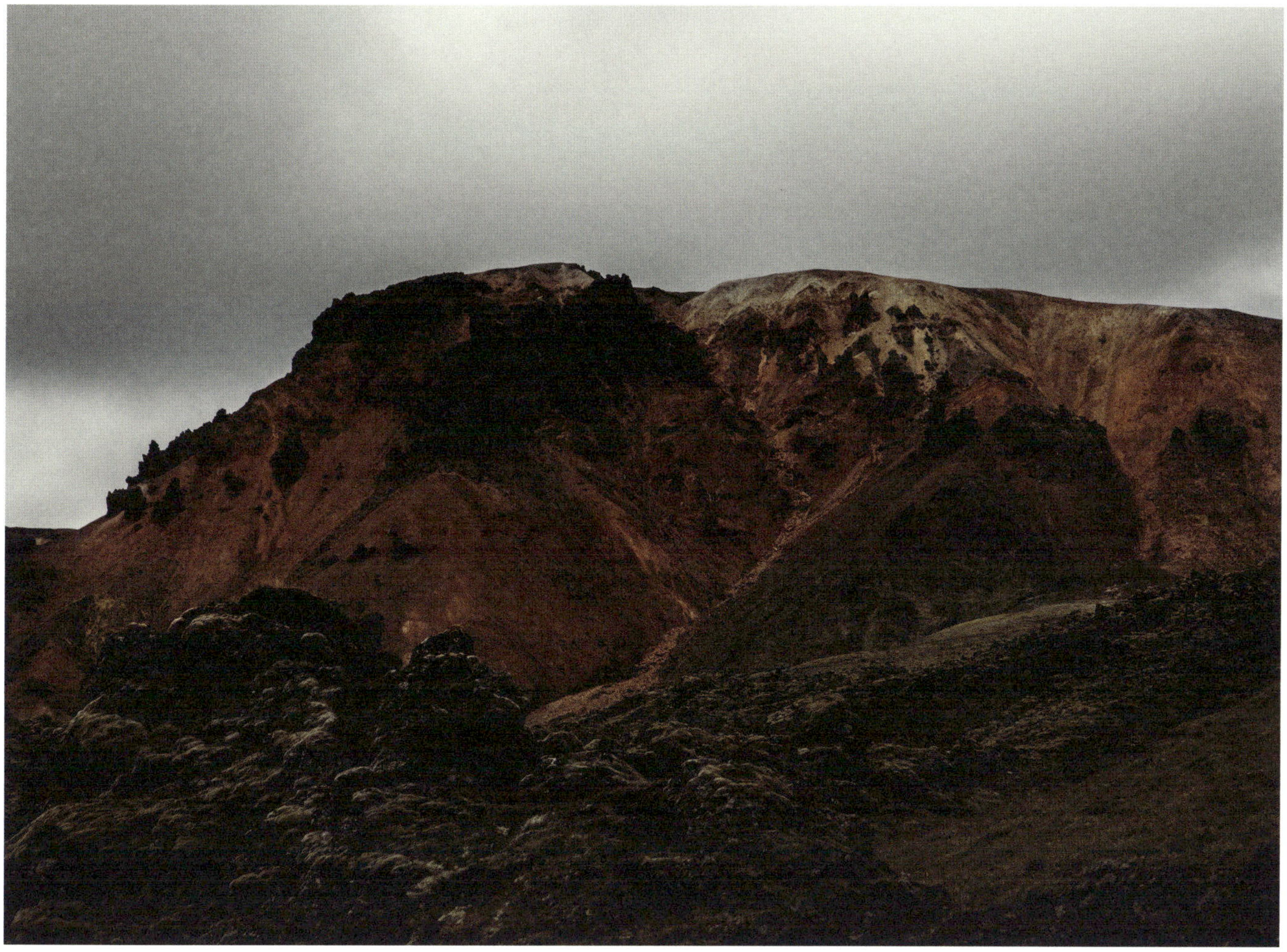

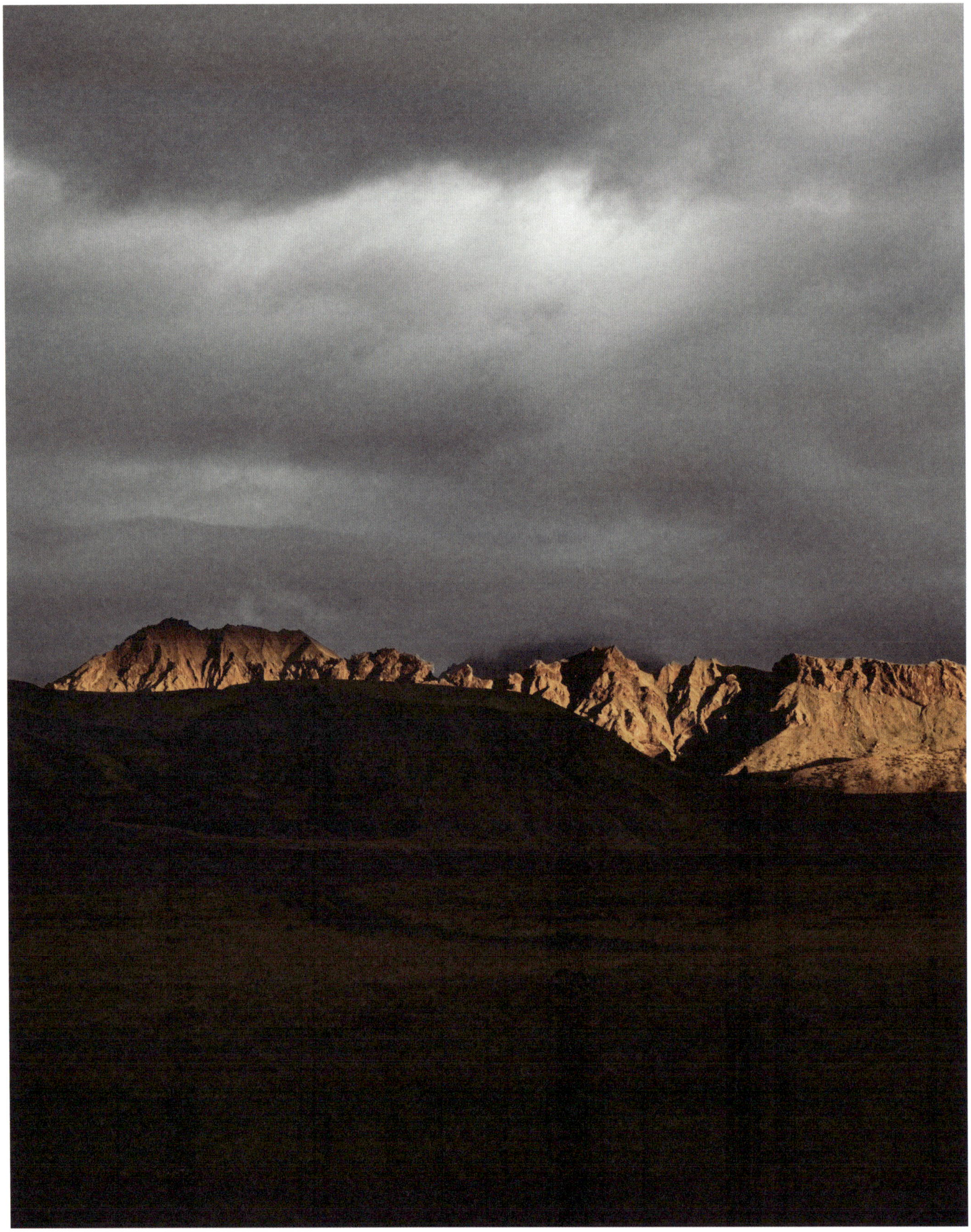

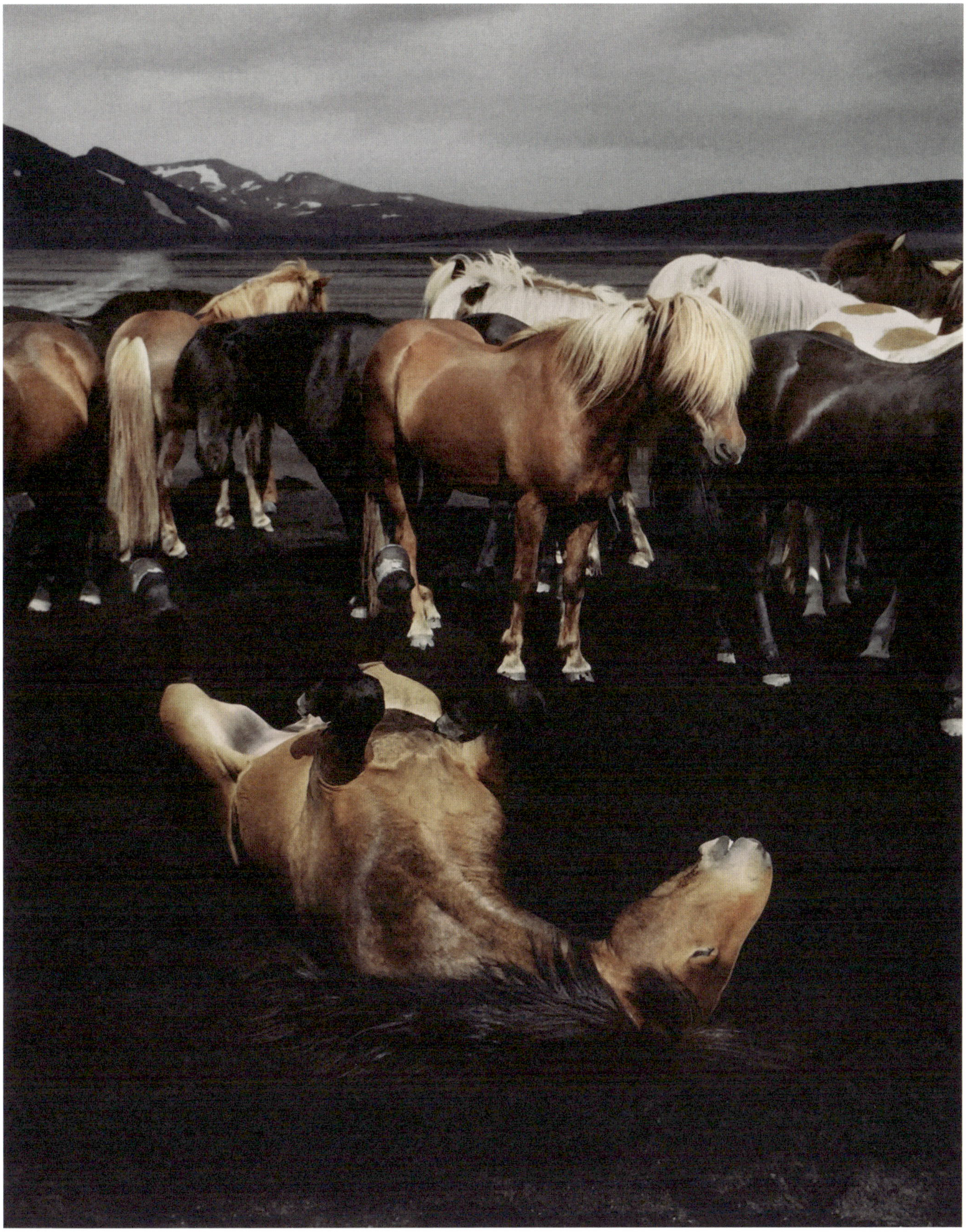

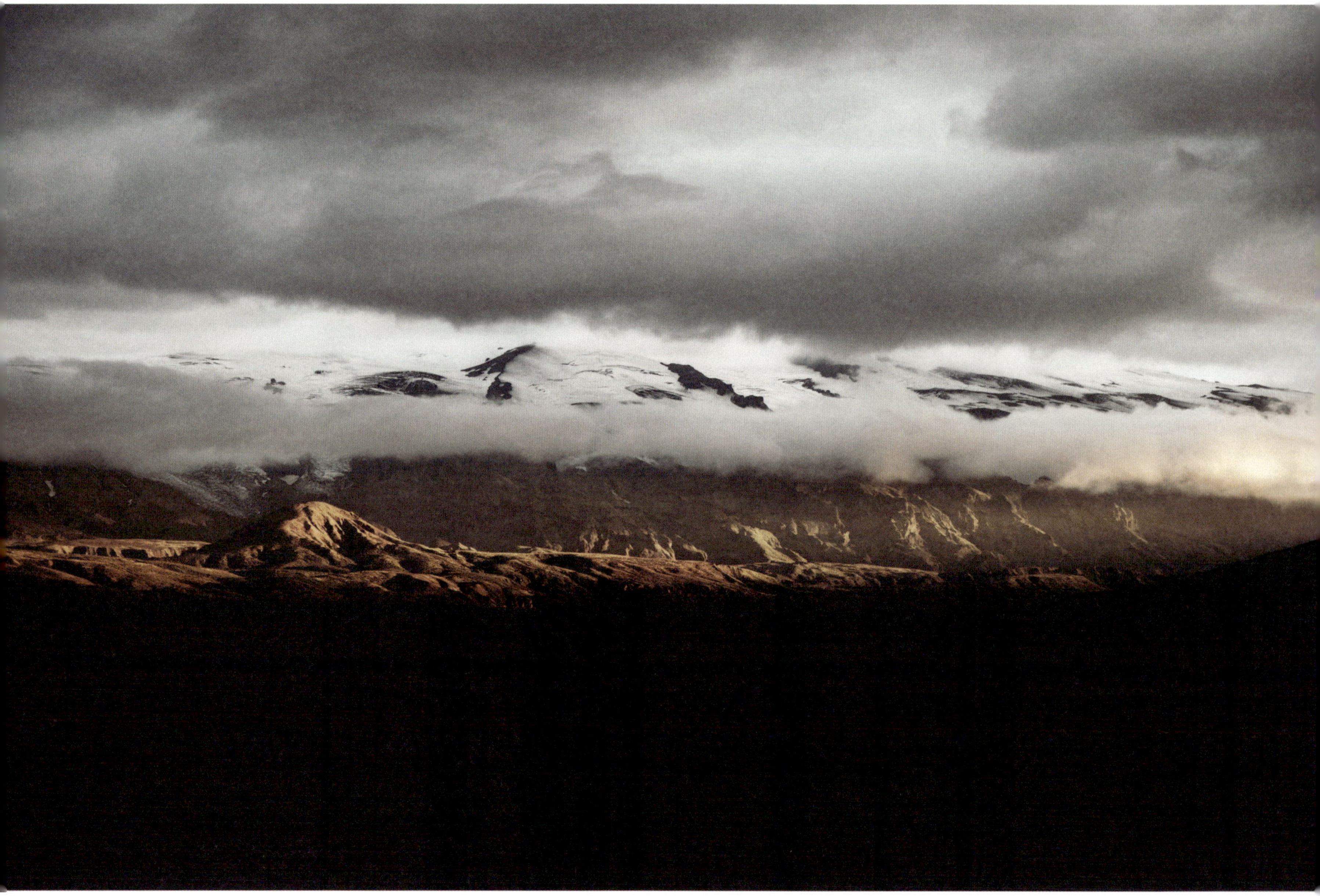

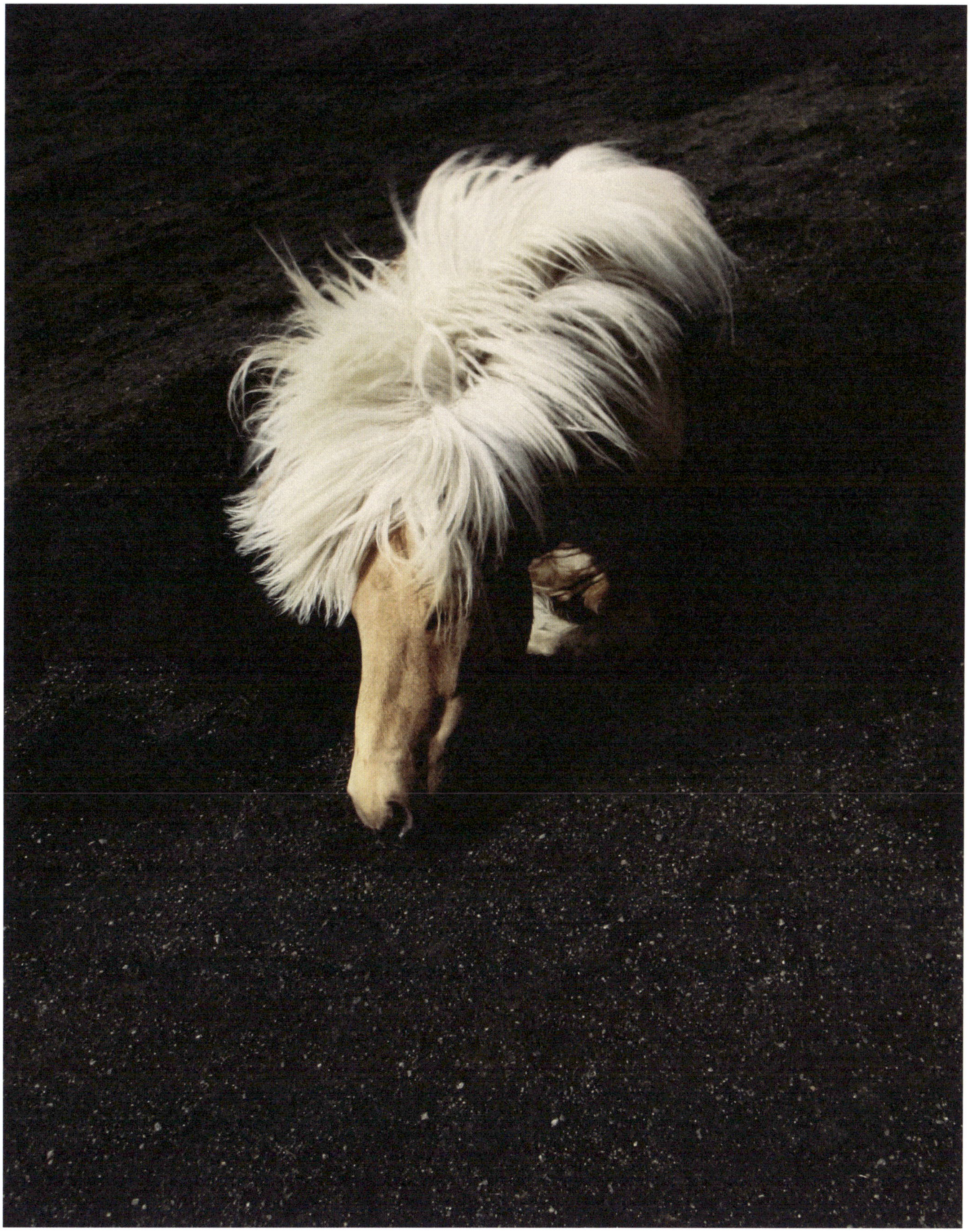

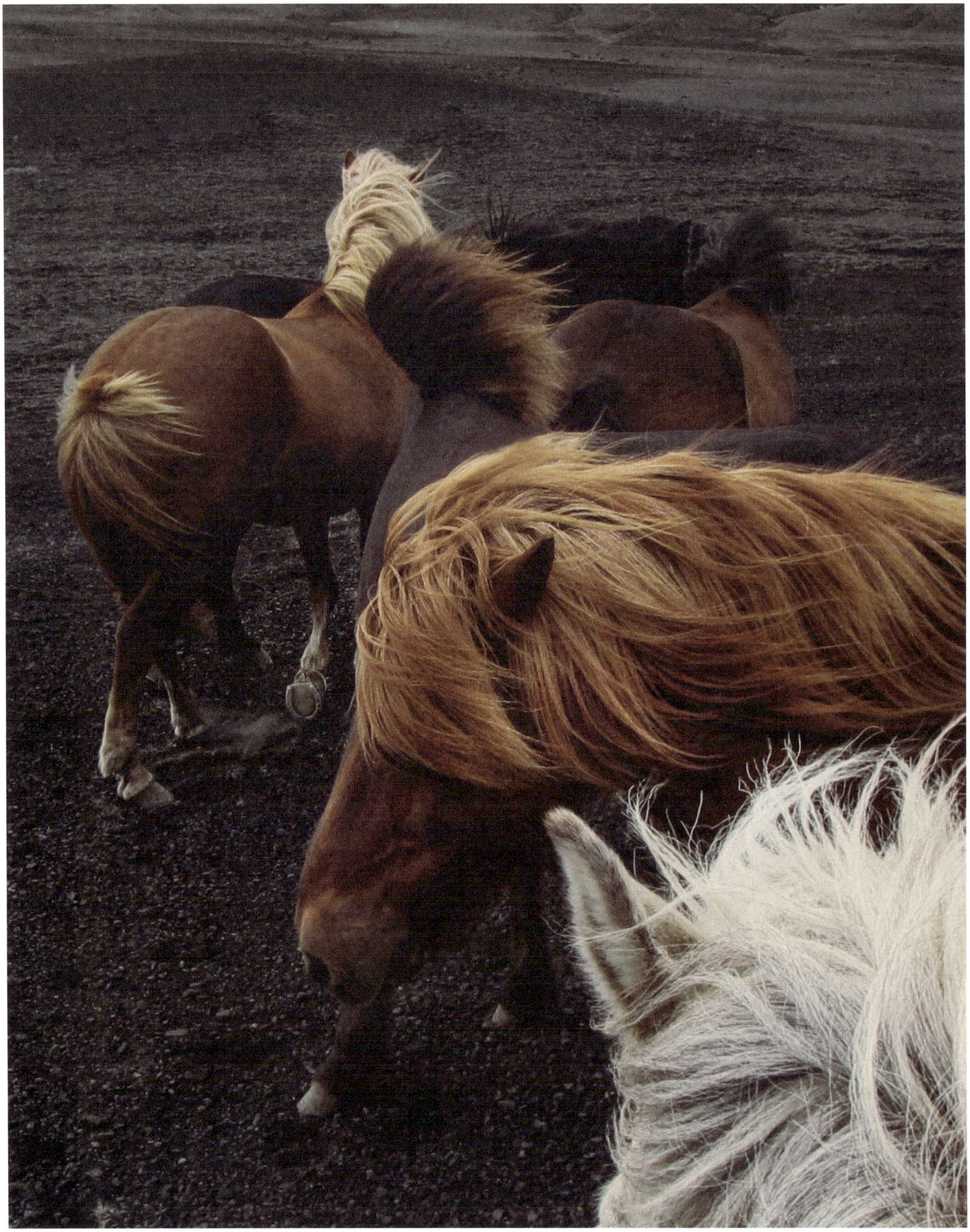

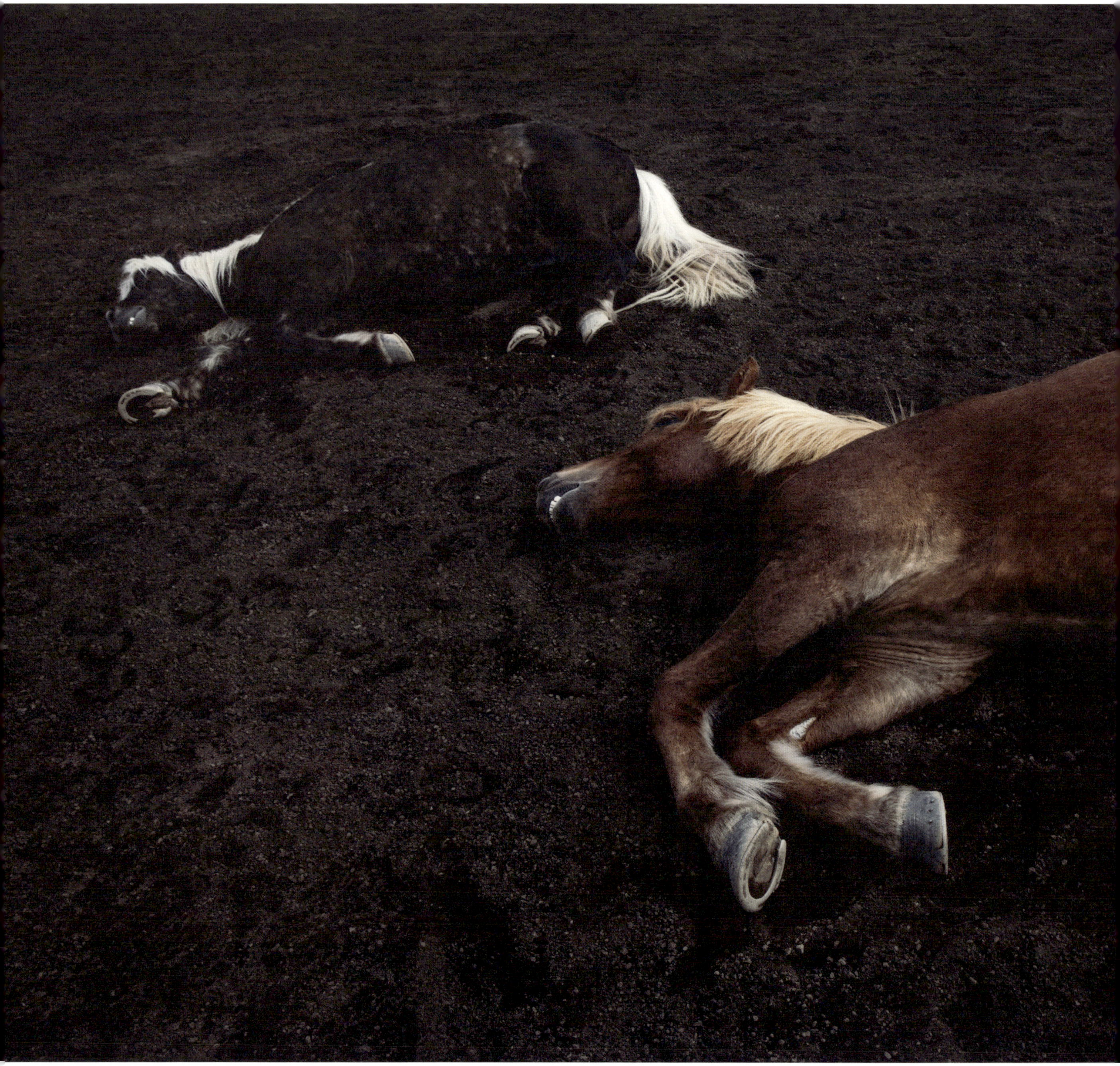

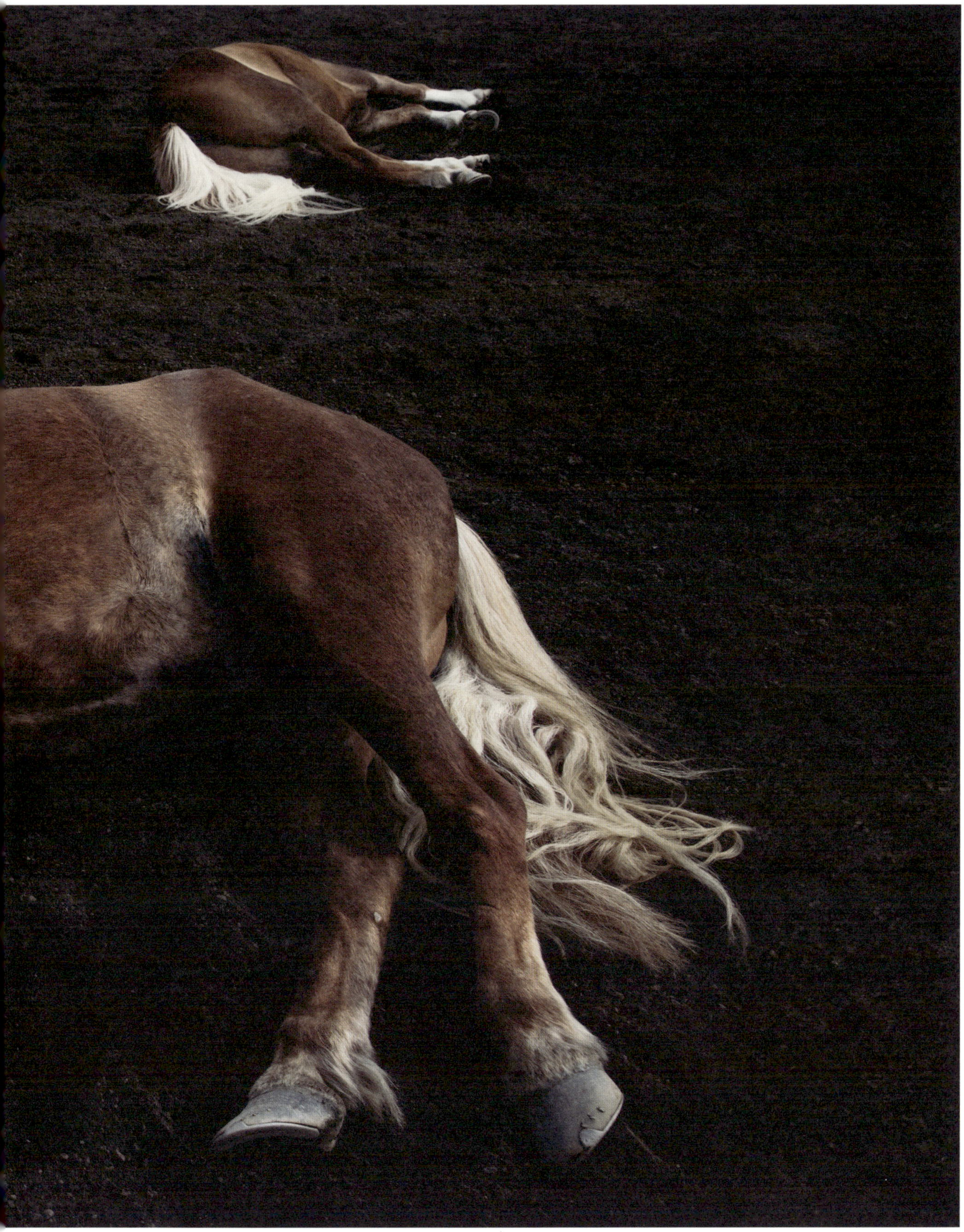

Hesturinn sem getur borið knapann sinn til lands hinna dauðu

The horse that can carry its rider to the land of the dead /*God Óðinn's horse Sleipnir*

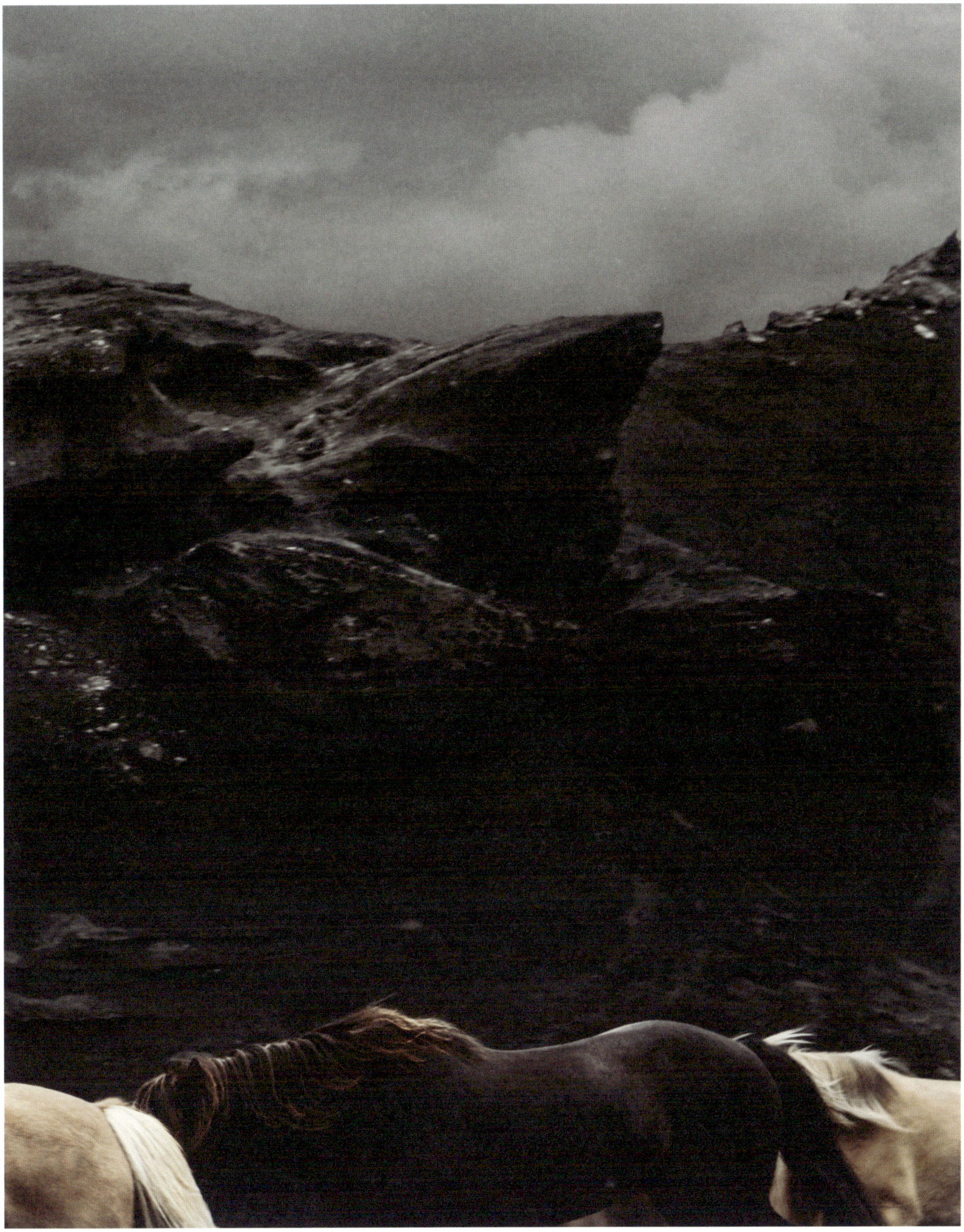

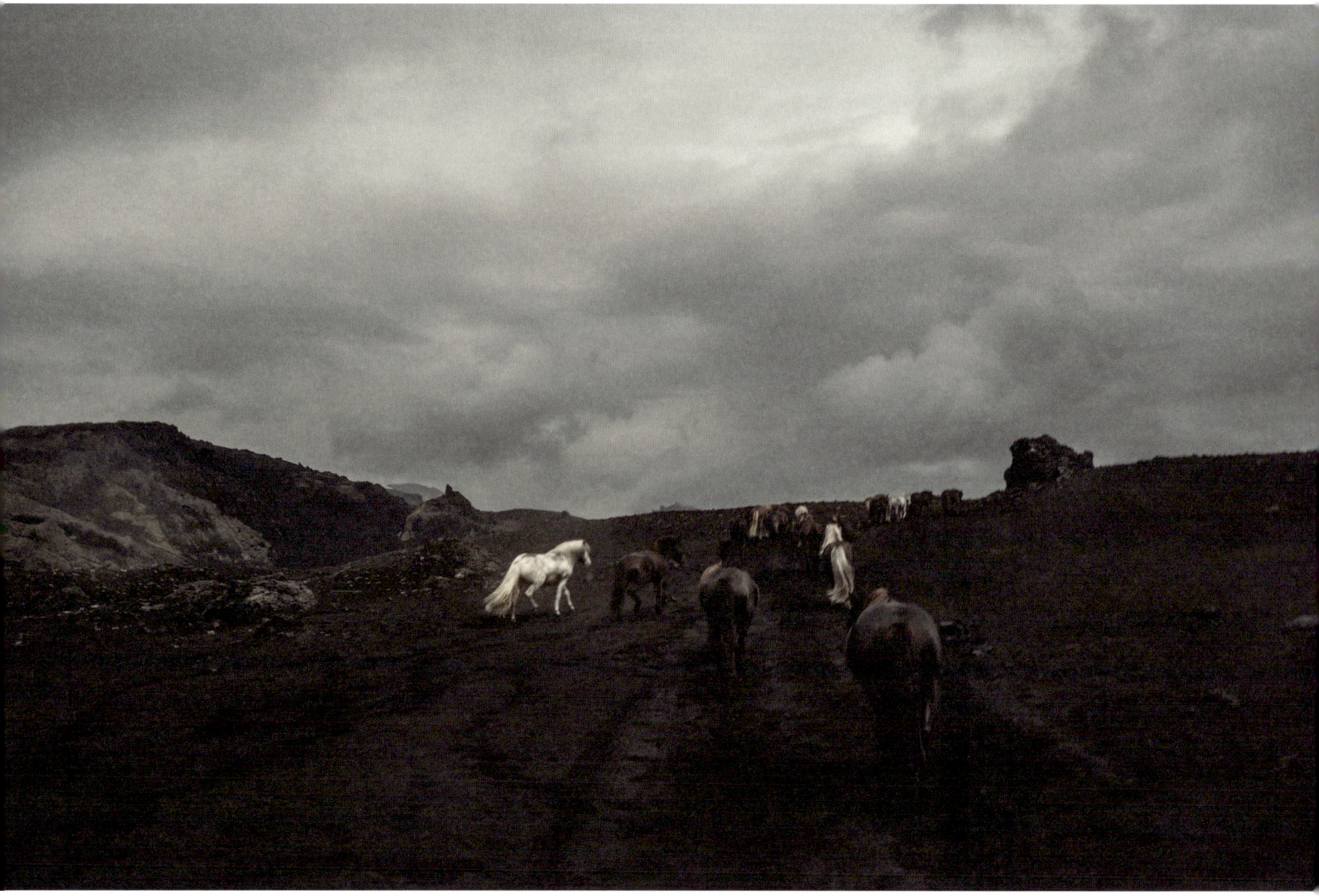

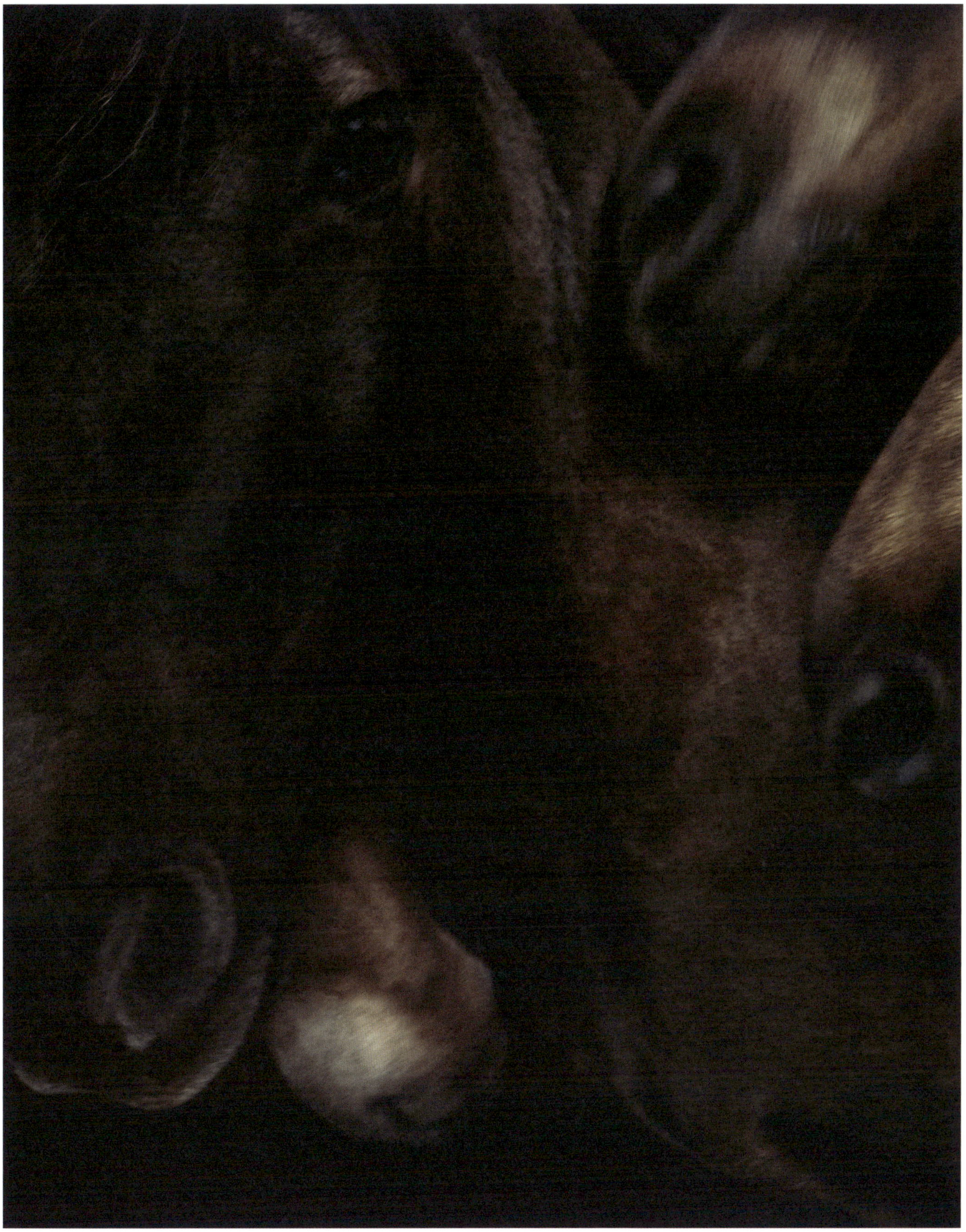

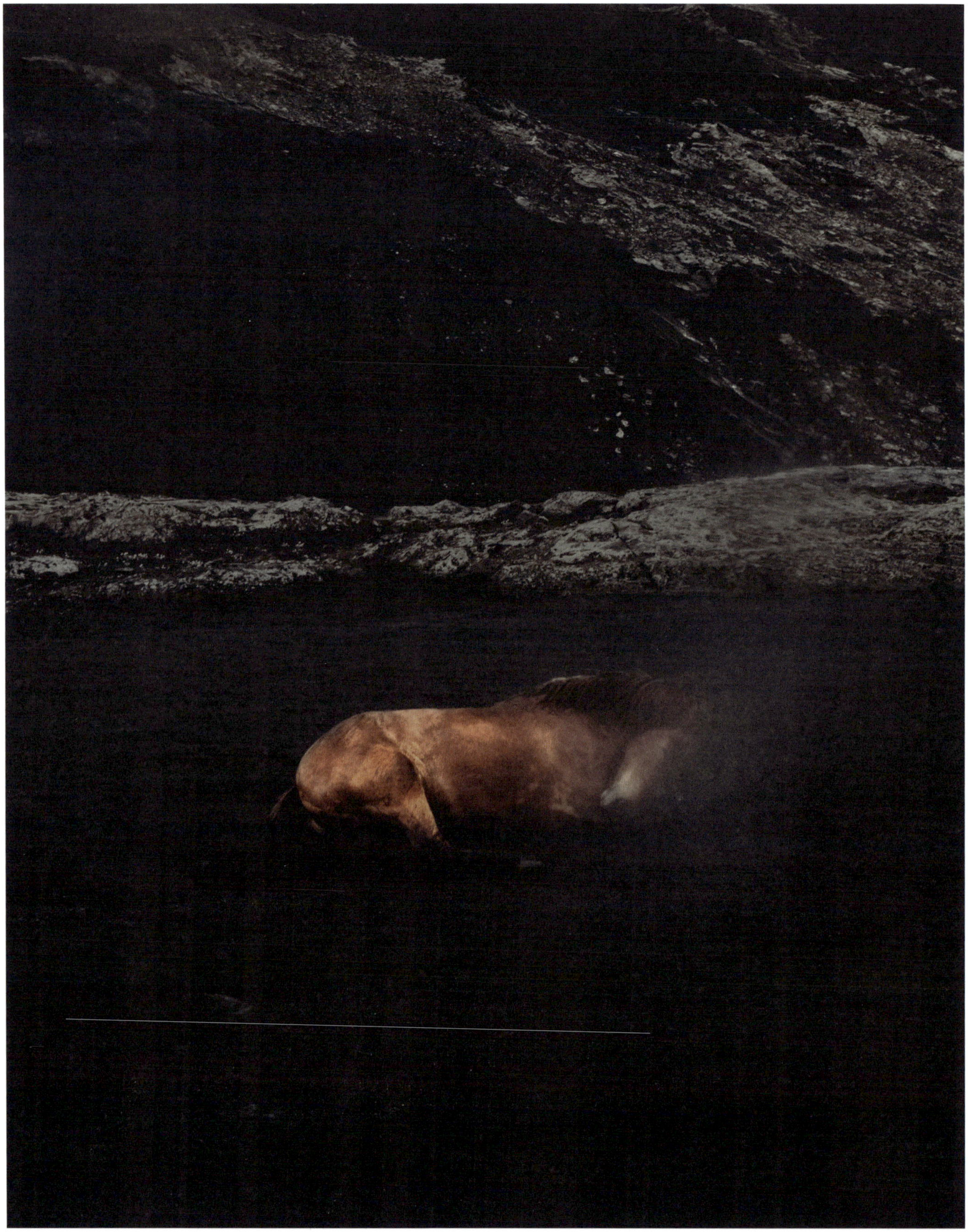